生物の科学
遺伝いきものライブラリ 3

サラブレッドの生物学

競走馬の速さの秘密

生物の科学 遺伝・編

NTS

【監 修】

戸崎 晃明
公益財団法人 競走馬理化学研究所　遺伝子分析課長

【執 筆 者 一 覧】

戸崎 晃明
公益財団法人 競走馬理化学研究所　遺伝子分析課長

栫 裕永
公益財団法人 競走馬理化学研究所　遺伝子分析部遺伝子分析部　部長

堀 裕亮
東京大学　大学院総合文化研究科　助教

印南 秀樹
総合研究大学院大学　統合進化科学研究センター　センター長・教授

頃末 憲治
日本中央競馬会　日高育成牧場　副場長

大村 一
日本中央競馬会　美浦トレーニング・センター　競走馬診療所　上席臨床獣医役

楠瀬 良
元・JRA競走馬総合研究所　次長

南保 泰雄
帯広畜産大学　グローバルアグロメディシン研究センター／獣医学研究部門　臨床獣医学分野　教授

宮田 健二
日本中央競馬会　馬事公苑　宇都宮事業所　診療所　診療所長

〈Photo Gallery〉
佐藤 文夫
日本中央競馬会　日高育成牧場　馬事部

〈レースと仕事〉
溝部 文彬
日本中央競馬会　馬事部

〈企画・ディレクション〉
大西 順雄（株式会社エヌ・ティー・エス）

『生物の科学　遺伝』いきものライブラリについて

『生物の科学　遺伝』いきものライブラリは，隔月刊行誌『生物の科学　遺伝』の特集をハンディサイズにリメークしたシリーズです。『生物の科学　遺伝』の特集は，最新の研究論文を中心に，いきものの研究最前線をお伝えしてきました。『いきものライブラリ』はグラビアページのレイアウトを拡充し，全ページにわたって写真をじっくり見て楽しんでいただけるレイアウトを採用しています。

いきものライブラリ③「サラブレッドの生物学」では，本誌特集で紹介してきた「競争能力と遺伝子」に加え，「毛色と遺伝子」にも言及し，近年，目覚ましい活躍をしている白毛のサラブレッドの秘密に迫りました。

競走馬の一生は，誕生・育成から調教，余生まで，80枚ものGalleryページでお楽しみください。また，本書ではこの競走馬の余生について，詳しい解説を加えました。レースを楽しむだけでなく，かつて競走馬だったウマと間近に触れ合える機会があることを知っていただきたいと思います。

「+α」コーナーとして，「レースと仕事」を掲載いたしました。紀元前のはるか昔から，人類とともに歩んできたウマは，現在も他のいきものとは人との関わり方が一味違い，仕事としてウマに関わるようになった人も多く見受けられます。まさに人馬一体となる競馬レースにおける仕事を知っていただくことで，レースの見方も変わってくるかもしれません。

『生物の科学　遺伝』いきものライブラリは，「見て・知って・考えて・観る」をテーマに，動植物，鳥，昆虫などのシリーズ化を進めております。次の企画にもご期待ください。

『生物の科学　遺伝』編集部

サラブレッドの生物学◉目次

表紙写真：白毛のサラブレッド「ソダシ号」。2021年4月11日，桜花賞。（写真提供：日本中央競馬会）

Photo Gallery

サラブレッド
競走馬の科学

――サラブレッドが速く走れる秘密について

Photo Gallery

サラブレッド競走馬の科学

——サラブレッドが速く走れる秘密について

Blood Sportsとよばれるサラブレッド競走馬の世界では，約300年にわたる歴史の中で，レースで勝利を収めた馬が種牡馬や繁殖牝馬となり，子孫を残すことで速く走るための育種改良がおこなわれてきた。そのため，血統的に優れた馬の子孫は走る確率は高く，サラブレッド競走馬の生産において交配理論が最も重要であるのは否めない事実である。一方，

近年のサラブレッド競走馬の生産現場では，イギリスやアイルランド，アメリカなどの競馬先進国から生産・飼養管理・調教に関する新しい科学的な技術を導入することで，優秀な競走成績を収める牧場が増えてきている。これは，サラブレッド競走馬が本来持っている遺伝的な潜在能力を環境要因によりうまく引き出した結果であるともいえる。このグラビアでは，優れた遺伝的競走能力を持つサラブレッド競走馬の一生について紹介する。

［文◉佐藤 文夫（日本中央競馬会 馬事部）／写真◉特記以外は，佐藤 文夫および日高育成牧場］

サラブレッド競走馬の一生

春に誕生した子馬は，2歳の春に競走馬としてデビューし，そこで優秀な成績を収めた馬が生産地に戻り，種牡馬や繁殖牝馬として子孫を残すことになる。

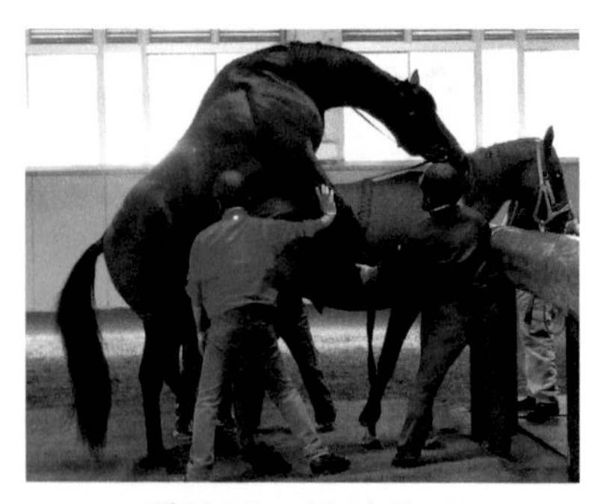

種牡馬・繁殖牝馬

誕生

放牧

春

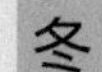

秋

ブレーキング・調教

競馬場

競走馬デビュー

当歳セリ

離乳

夏　秋

生産地

夏　春　冬

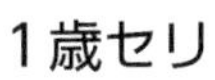

1歳セリ

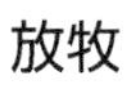

放牧

1. 誕生

馬の妊娠期間は交配から平均340日と長い。分娩馬房は通常の馬房よりも広くて清潔でなくてはならない。ほとんどの分娩は夜間に起こり，破水が起きてから胎子が娩出されるまで30分程度。難産などの分娩事故に対応するために，分娩監視は欠かせない。正常な体位が確認できれば自然分娩に任せるのが母子のためになる。

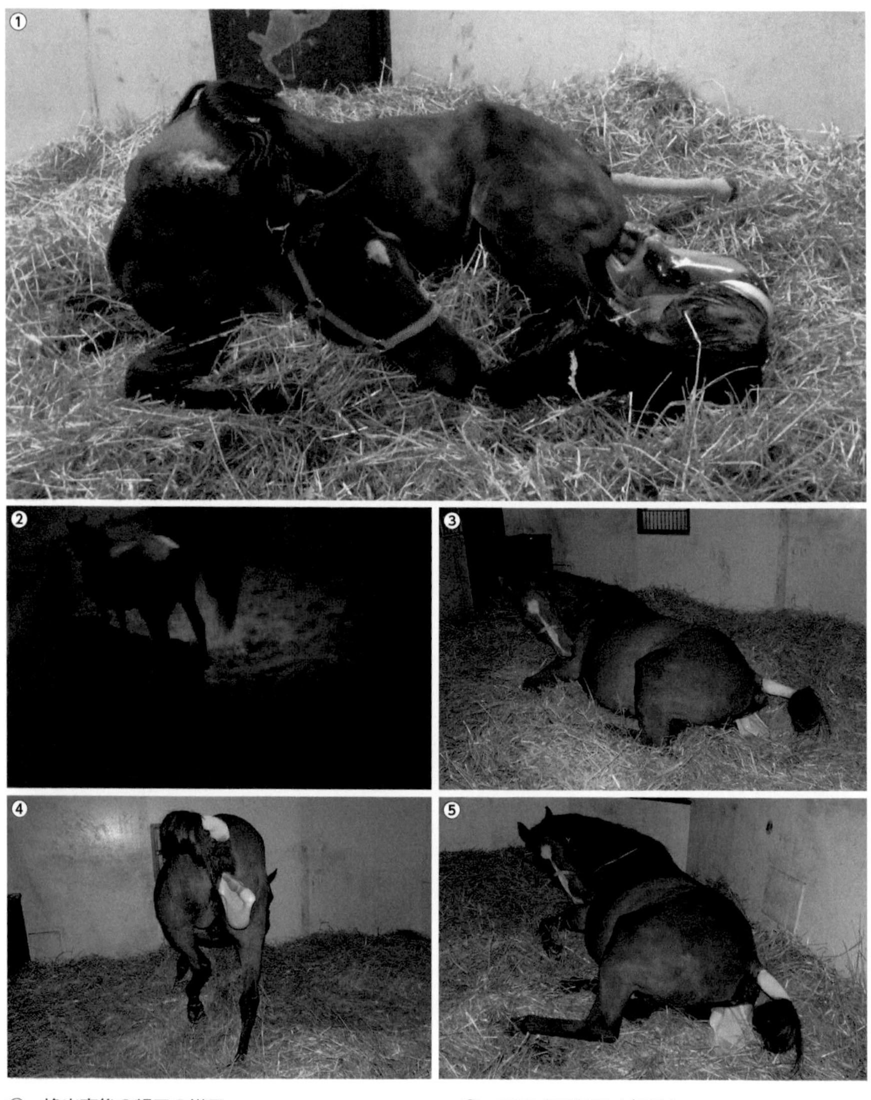

① 娩出直後の親子の様子
② 赤外線監視モニターで分娩監視。破水を確認
③ 足胞（尿羊膜）が出現
④⑤起立や横臥を繰り返しながら胎子が産道を通過

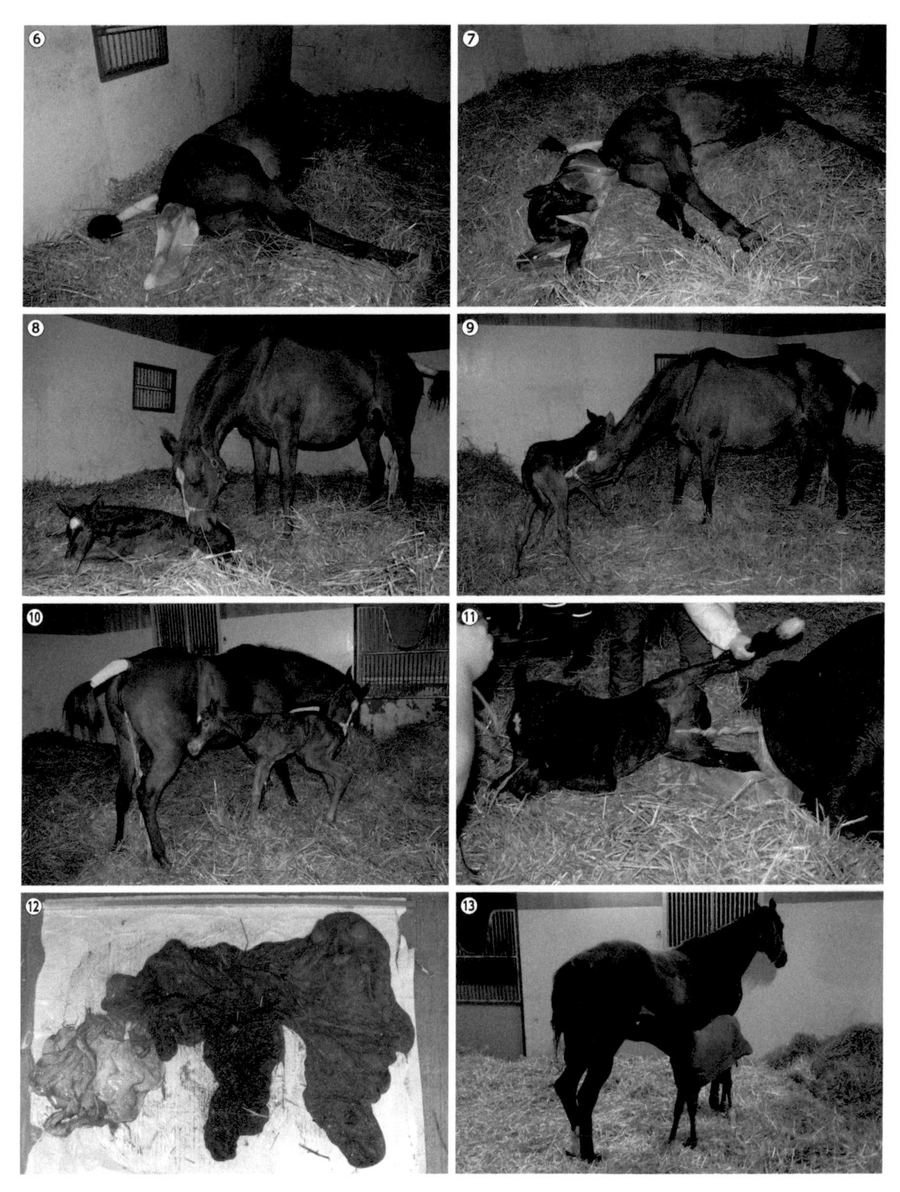

⑥ 両前肢と鼻端が見られる。

⑦ 陣痛に合わせながら胎子は娩出される。

⑧ 羊水で濡れている子馬の体を舐める母馬

⑨ 娩出後，通常1時間以内に起立する。

⑩ 起立した子馬を乳房へ誘導する母馬

⑪ 娩出された後，まだ子馬の臍帯は胎盤とつながっている。

⑫ 排出された胎盤（後産）を広げて異常の有無を確認する。

⑬ 初乳は分娩後2時間以内に摂取するのが理想的。早春の北海道は氷点下になるため子馬には馬服を着用して保温を心がける。

2. 成長期

サラブレッド競走馬の一生の中で，最も馬体の成長が著しい時期は，誕生から騎乗馴致のおこなわれる1歳の秋までの時期である。約50 kg程度で誕生した子馬の体重は，離乳がおこなわれる6ヶ月齢までに出生時の約5倍にも達する。この時期の若馬にとって大事なことは，後の騎乗馴致・調教に繋がる「基本的な躾」と「健康な体づくり」である。

子馬の引馬は躾の第一歩となる。

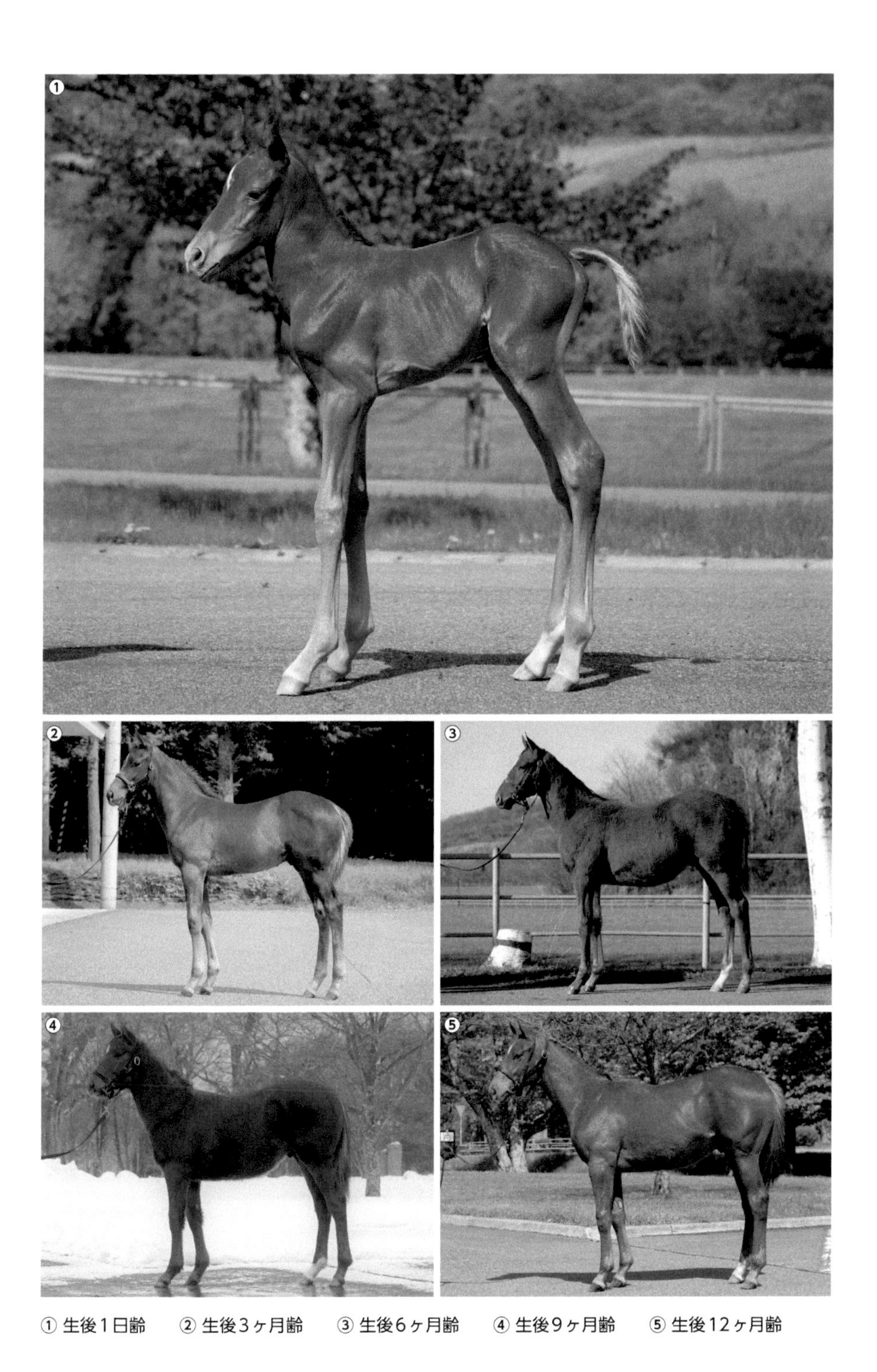

① 生後1日齢　② 生後3ヶ月齢　③ 生後6ヶ月齢　④ 生後9ヶ月齢　⑤ 生後12ヶ月齢

初春に誕生した子馬の親子

子馬は放牧地の草を食べることを覚える。

放牧地は栄養補給の場であり，運動場でもある。

1ヶ月齢になると親子の群れで放牧され，次第に社会性を獲得するようになる。

発育期整形外科的疾患 (DOD: Developmental Orthopaedic Disease)

サラブレッド軽種馬の競走能力向上のための遺伝的選抜においては，仕上がりが早く，馬体の見栄えがする馬が好まれる傾向がある。そのような背景の中，成長盛んな若馬の骨軟骨・腱組織には，成長期に特有な疾患であるDODが多く認められる。DOD発生の大きな要因を占めているのが，栄養や放牧（運動）といった環境要因であり，特に，離乳までの幼駒の飼養管理は，非常に重要である。本邦の気候風土に適した飼養管理方法や処置，発生予防方法に関する調査研究が望まれている。

腰痿（ようい）のため転倒する若馬

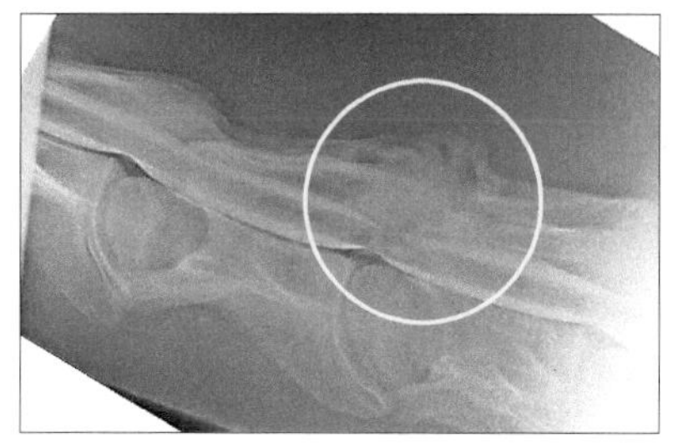

頸椎関節面の骨軟骨症X線所見

離乳後は子馬達で群れを作り放牧される。

雪で放牧地が覆われる冬期の放牧には乾燥牧草や水の給与が重要になる。

一冬を越してたくましくなった１歳馬達は，
牡牝別々の放牧地に分けられる。

セリの前には獣医学的検査が
おこなわれる。

3. セリ

国内のサラブレッド競走馬のセリには，当歳，1歳のものと，騎乗調教がなされた2歳馬のトレーニングセール，繁殖牝馬セールもある。

セレクトセール当歳は，両親の血統，競走成績が良い馬が多く，落札価格も高額になる。

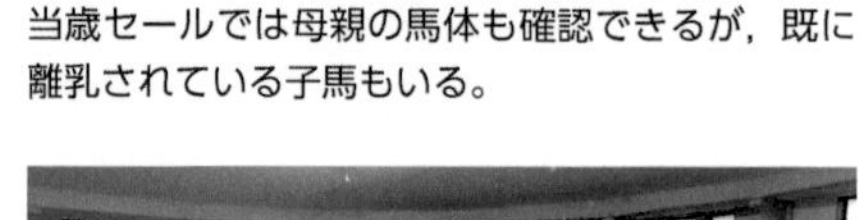

当歳セールでは母親の馬体も確認できるが，既に離乳されている子馬もいる。

人気の落札馬にはカメラマンが集まる。

北海道サラブレッド市場

1歳サラブレッドセールの一斉展示の様子

トレーニングセールでは騎乗供覧がおこなわれた後にセリに掛けられる。

パレードリングでは，お目当ての馬の馬体や歩様を最終チェックする。

2歳馬の騎乗馴致が完了した馬は即戦力として購買者にも魅力がある。

華やかなJRAブリーズアップセール（中山競馬場）の様子

4. 騎乗馴致・調教

セリが終わり1歳の秋になると騎乗馴致・調教が開始される。馴致・調教は段階を追って一つずつおこなわれる。年が明けると若駒は2歳になり，春から始まる競馬デビューに向けて調教強度も増していく。

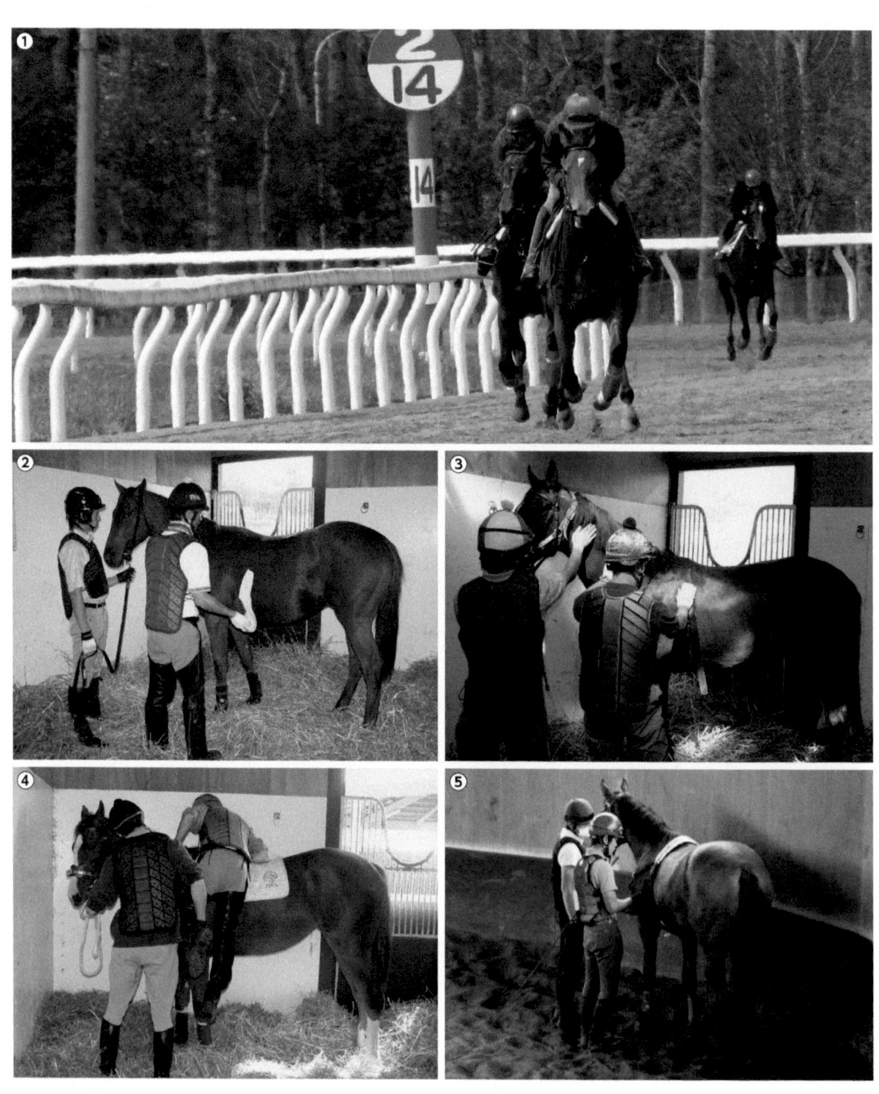

① 騎乗馴致が進み，スピード調教をおこなう2歳育成馬

② タオルが体のあらゆる部位に触れる刺激に対して鈍化を図る。

③ ストラップ馴致

④ 人が騎乗することを教える。

⑤ ローラー（腹帯）を装着したランジング馴致

⑥　馬が人のことを意識しながら前進するように馴致する。

⑦⑧ダブルレーンを使用したハミ受けの馴致

⑨　ドライビング馴致（2人1組）

⑩　ドライビング馴致により騎乗する前にハミ受けを覚えさせることができる。

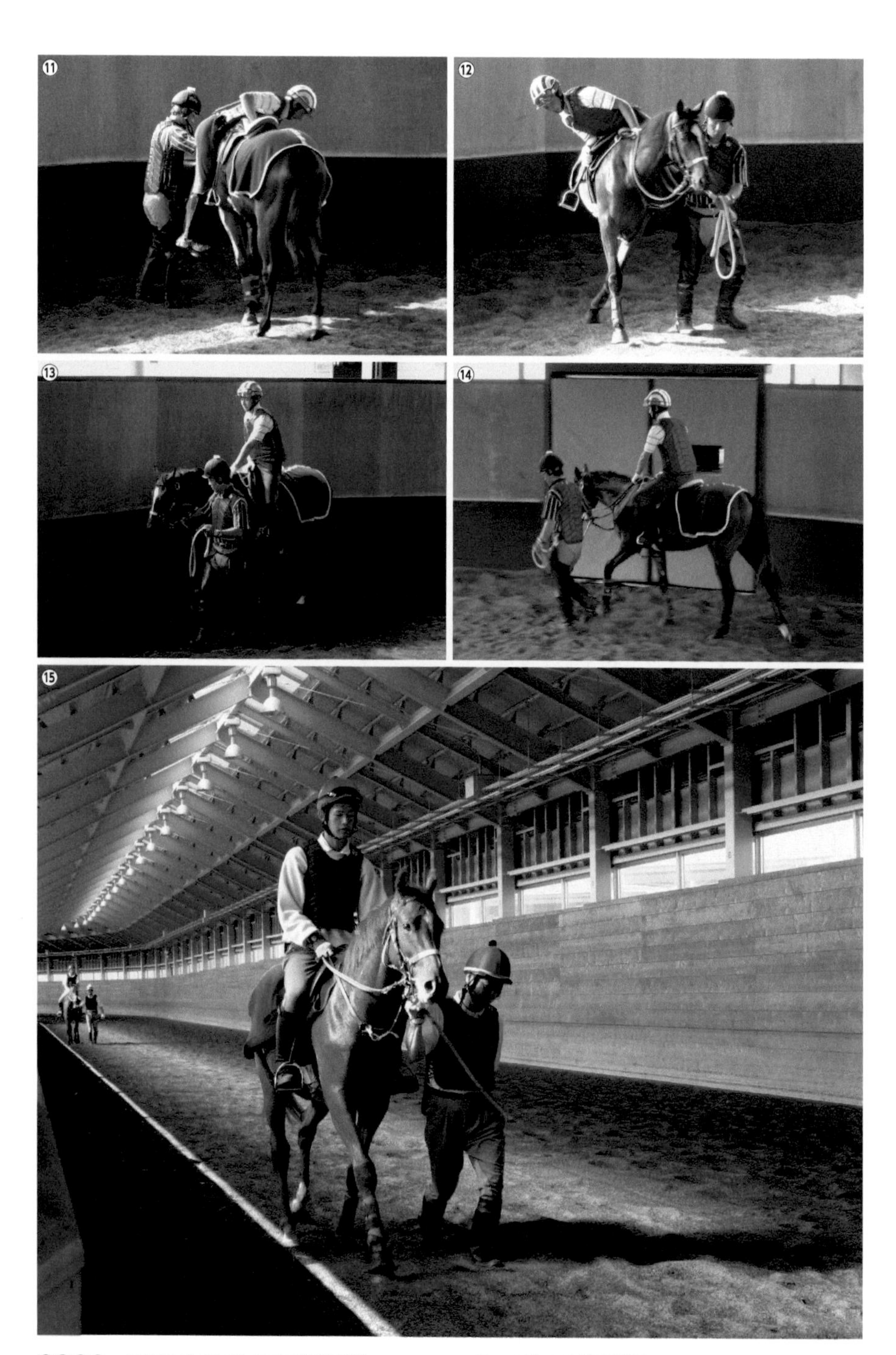

⑪⑫⑬⑭　ラウンドペンの中での騎乗馴致　　⑮　走路での騎乗馴致

⑯⑰騎乗馴致が終わると運動調教が始まる。

⑱⑲坂路馬場での縦列走行や並列走行で騎乗者の指示に従うように馴致する。

⑳　スピード調教で心肺能力を高める。

5. 競走期

無事に調教を終えたサラブレッド競走馬のうち，早いものは2歳の春になると競馬場デビューを果たす。競馬は能力検定の場であり，スピードやスタミナ，気性などの馬の資質が試される。

ゴール版前を疾走するサラブレッド競走馬

下見所を回るサラブレッド競走馬。

3歳サラブレッド競走馬の頂点を決定する日本ダービー（写真提供：株式会社中央競馬ピーアール・センター）

3歳サラブレッド競走馬の頂点を決定する日本ダービー（写真提供：株式会社中央競馬ピーアール・センター）

3
10
17

中央競馬のトレーニングセンターに入厩したサラブレッド競走馬

トレーニングセンターでの調教の様子

トレーニングセンターでの調教の様子

6. 種牡馬・繁殖牝馬

血統的に優れた馬や，競走期に優秀な競走成績を収めた馬は種牡馬や繁殖牝馬となって生産地に戻り，繁殖活動をおこなうことになる。

海外から導入されたサラブレッド競走馬の種牡馬

冬の放牧地における繁殖牝馬

発情を促進する光線処置マスク

直腸検査により子宮・卵巣の状態を確認する。

あて馬による繁殖牝馬の試情

種馬場での交配の様子

引退したサラブレッド競走馬は，乗用馬として活用されることもある。

サラブレッドの生物学

競走馬であるサラブレッドは，アラブ系品種と英国在来系品種を交配させ，約300年間にわたって「競馬」による選抜，すなわち勝利した個体のみが子孫を残せるという環境の中で確立された品種である。サラブレッドは他品種に比べてスマートな体型である一方で筋肉質であり，心肺能力に優れている。本特集では，サラブレッドがスーパーアスリートである理由について，遺伝学や運動科学などの視点から迫る。

［文◉戸崎 晃明］

〈総論〉

競馬とサラブレッド

——競馬が競走馬をつくり育てる

戸崎 晃明
Teruaki Tozaki

公益財団法人 競走馬理化学研究所
遺伝子分析課長

1992年，昭和大学薬学部および馬術部を卒業。2001年，昭和大学博士（薬学），2013年，京都大学博士（農学）を取得。岐阜大学応用生物科学部客員獣医学系教授を兼務，昭和大学薬学部客員教授などを歴任。専門分野はゲノム科学および遺伝学であり，ウマの全ゲノム配列を決定した「Horse Genome Project」にも参画。日本ウマ科学会から学会賞（第9号）（2013年）を受賞。主な著書に，最新畜産ハンドブック（分担執筆，講談社，2014），シリーズ家畜の科学6 ウマの科学（分担執筆，朝倉書店，2016）など。週末はJRA馬事公苑（宇都宮事務所）で，職員乗馬部員として練習に励み，研究活動と乗馬活動から馬を探求する。

競走環境の変遷と競走馬の改良は，密接な関係にある。サラブレッドが競走馬として最高時速60～70キロで走行できるようになった背景には，競走環境の変遷が関与し，痕跡はサラブレッドのゲノムにも刻まれている。本稿では，サラブレッドと他品種の遺伝学的な系統関係ついて述べるとともに，競馬の歴史的変遷が競走能力に及ぼした影響について考察する。

1 ウマの分類

ウマの仲間として少なくとも10種が現存し，これらは**奇蹄目***ウマ科ウマ属に属する[1)]。形態学的および生息地域の相違から，さらにウマ亜属，アフリカノロバ亜属，アジアノロバ亜属，グレビーシマウマ亜属，シマウマ亜属などに細分類される。しかし，形態学的な分類は，遺伝学的な系統関係（図1）と必ずしも一致しない場合もある。形態学的な分類ではシマウマ亜属にヤマシマウマとサバンナシマウマが分類されるが，遺伝的（図1）にはグレビーシマウマとサバンナシマウマは互いにより近縁である。

私たちがよく目にする競走馬や乗馬などは，ウマ亜属

用語解説

【奇蹄目】
蹄が奇数個ある動物であり，ウマのほかにはサイおよびバクが属する。ウシやブタの蹄は偶数個であり，これらは偶蹄目に分類される。

競馬とサラブレッド

(天皇賞・秋)
(写真提供：JRA)

の一種である *E. ferus caballus*（2n＝64）に分類される。考古学的な研究によれば，約5500年前（紀元前3500年ごろ）に野生馬が家畜化され，その家畜化集団が現在のさまざまな**品種**＊につながるとされる。しかし，古代馬の遺跡骨からゲノムDNAを抽出して塩基配列を調査するゲノム考古学によると，ウマの家畜化の起源は必ずしも通説のとおりではないとする結果も出ている。限られた遺物（証拠）から過去を推定することは困難であるが，今後の研究発展に期待を寄せたい。

用語解説

【ウマの品種】
ウマの品種には，積極的な改良をおこなって作出した品種と，地域で飼養・管理した集団を品種とした場合の二つのタイプがある。前者の例はサラブレッドであり，後者の例は日本在来馬などである。

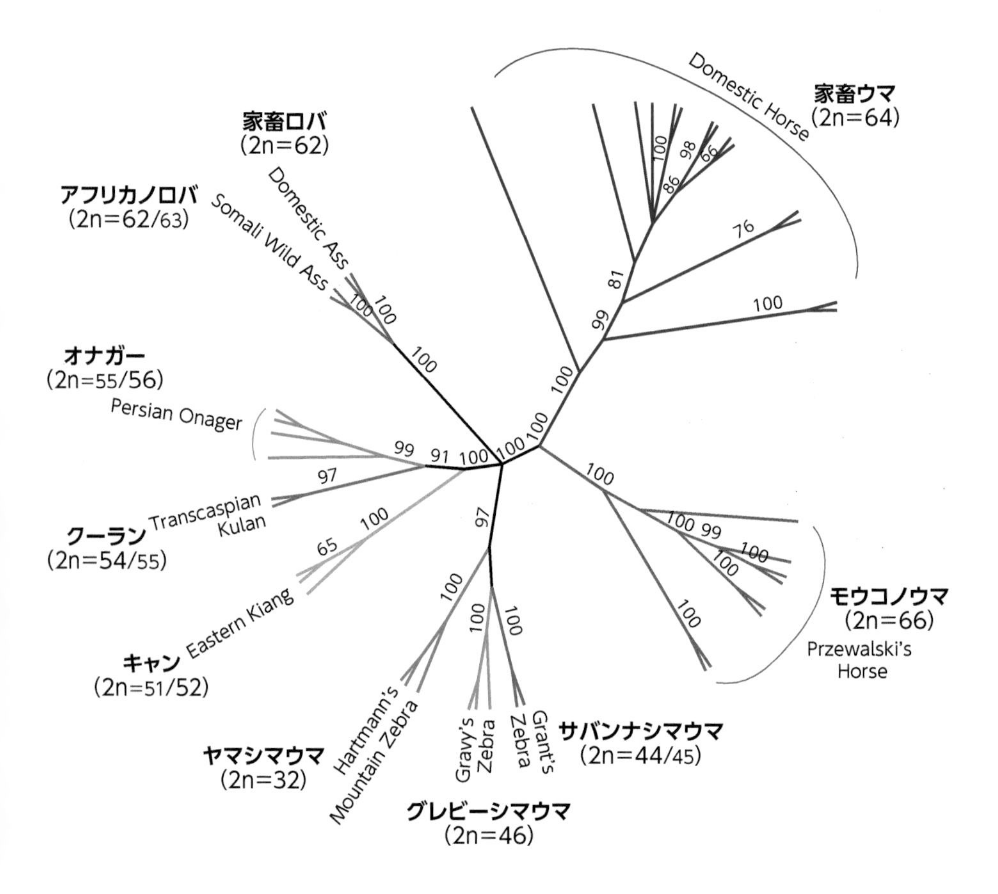

図1
ウマ属の遺伝的関係

［文献1) McCue M.E. *et al.* (2012) *PLoS Genet* **8**, e1002451より引用・改変］

2 人類とウマとの関わり

ウシおよびブタは役畜として家畜化され，現在，直接的あるいは間接的に食料（食肉・搾乳）として利用されている。ウマも当初は食肉の対象であったが，重い消化器官を支えるためのがっしりとした骨格，捕食動物から逃れるために獲得した走能力などにより，人類はウマを運搬（荷車の牽引）および移動（背に騎乗）手段として利用してきた。

モータリゼーションにより，現在，運搬および移動手段としての利用は少なくなったが，競馬や乗馬（馬術・ポロ競技）などのスポーツとしての需要が増え，利用目的に合わせた改良によってさまざまな品種が作出されている。

3 ウマにおけるさまざまな品種

家畜ウマの元になった野生馬は既に絶滅したが，現在，その子孫は世界中に500以上の品種として飼養されている。大型の品種では体重が1,000 kgを超え，小型の品種では70 kg程度と極めて小さい。体格差は大きいが，染色体数（2n＝64）はすべて同一であることから，交配して子孫を残すことは理論的に可能である。

ウマにおいて多様な品種が存在する理由は，役畜としてウマを利用するため，目的に合わせて多様な改良を続けた結果である。約2万個の**一塩基多型（SNP）***をマーカーとして構築した40品種間の遺伝学的な系統関係を，図2に示した[2)]。

北欧や西欧，南欧，中近東，アジア，日本など，概ね飼養地域ごとに分類・系統化される傾向が観察された。これは，家畜化後にそれぞれの地域で飼養された地方集団が品種として形成されたことに起因すると考えられる。また，南米系が南欧系の品種と近縁である点は，大航海時代に欧州人が南欧系品種を南米に持ち込んだことに由来するのだろう。また，南欧（イベリア半島）系の代表的な品種であるアンダルシアンが，欧州系品種よりアラブ系品種に近縁である点は興味深い。

4 サラブレッド

サラブレッドは，北アフリカや中近東などにおけるアラブ系品種を英国に持ち込み，英国在来品種と交配させ

用語解説

【一塩基多型（SNP）】
ウマのゲノムは約30億の塩基対で構成されるが，この配列は個々のウマで異なる。品種の相違にもよるが数千から数百塩基対に一つの割合で存在する。

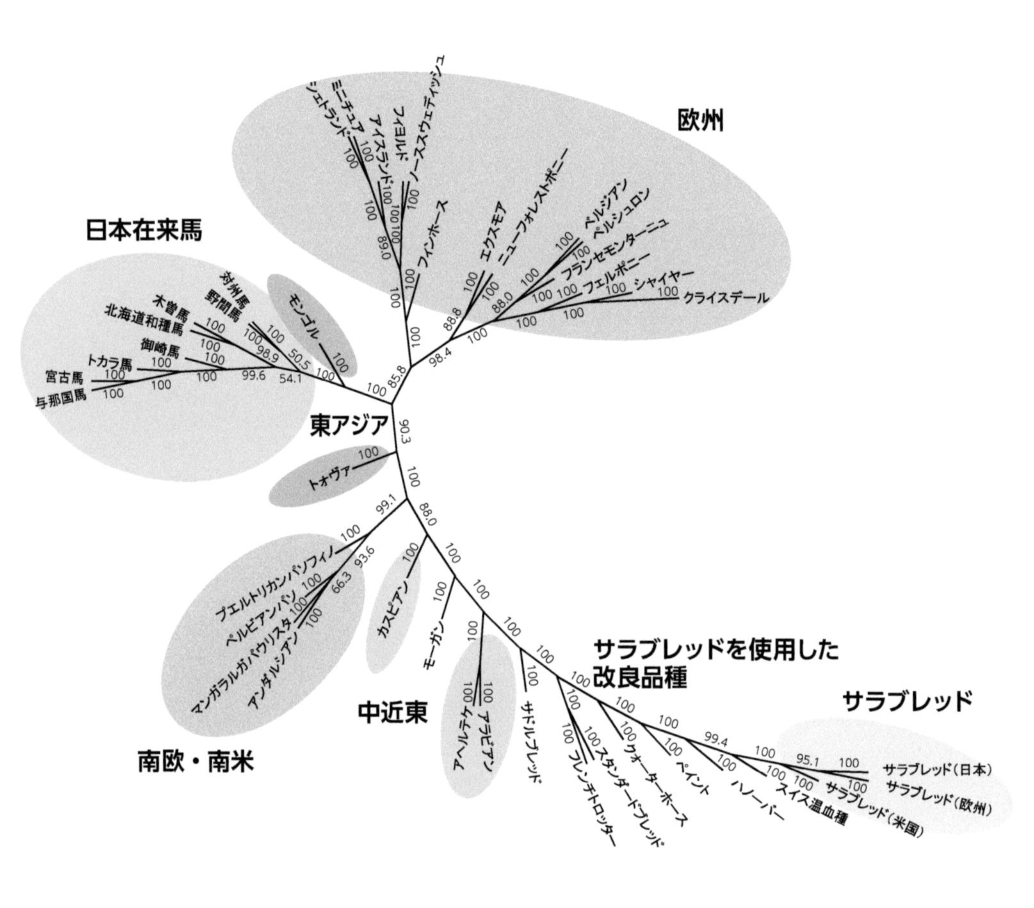

図2
40品種の遺伝的系統関係

[文献2) Tozaki T. *et al.* (2012) *Anim Genet* **50**, 449-459より引用・改変]

て作出した品種とされる。そのため，アラブ系品種および英国在来品種の両方に近縁かと期待したが，系統関係を見るとよりアラブ系品種に近縁であった(図2)。そのため，サラブレッドの作出において，英国在来品種の貢献度は低いのかもしれない。

また，欧州，北米，豪州，南アフリカおよび日本におけるサラブレッド集団を数万のSNPをマーカーとして主成分分析すると(図3)，生産地域ごとに若干の遺伝的な相違が認められた[3)]。主要な生産地である欧州，北米，豪州の3局に分離する傾向が観察され，これは，豪州であれば短距離競馬に適した競走馬，北米であればダート

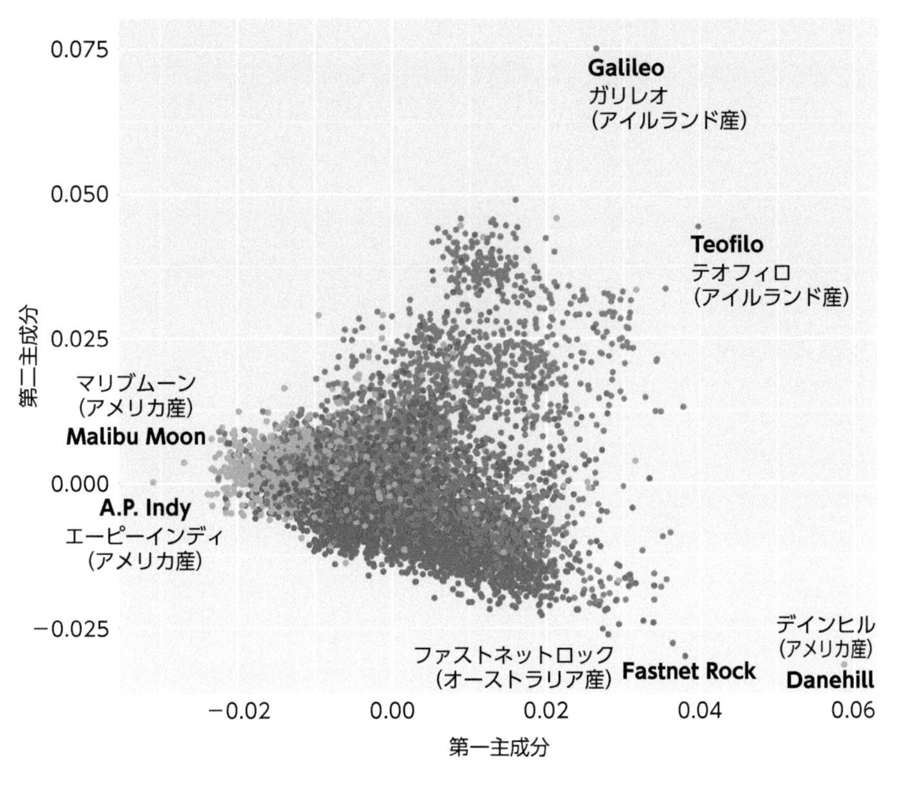

図3
サラブレッド集団の主成分分析

[文献3) McGivney B.A. (2020) *Sci Rep* **10**, 466より引用・改変]

コースを力強く走行できる競走馬などの指向の相違，つまり種牡馬の相違が影響を及ぼしているのかもしれない。日本のサラブレッド集団は，各地域から種牡馬を輸入してきた経緯があるためか，すべての集団と共有するように分布する傾向にあった。

5 競馬が競走馬をつくり育てる

(1) 競馬の歴史

近代競馬は，17世紀ごろに英国で始まった（表1）。初期

表1　イギリスで発祥した近代競馬の主な出来事

年代	主な競馬の歴史
～1700年	十字軍遠征からの帰国などにより，多数のアラブ馬がイギリスに輸入される 貴族の道楽としての競馬（マッチレース・ヒートレース：3～6 kmの距離を走行）
1700年～	スポーツ競馬としての体裁が整い始まる 専門知識をもつブリーダーやトレーナーが登場し始める
1750年	ジョッキークラブが設立される（設立当初は，社交クラブ的な存在）
1776年	セントレジャーステークス（約3,000メートル：3歳牡馬・牝馬）の開始
1779年	オークス（約2,400メートル：3歳牝馬）の開始
1780年	ダービー（約2,400メートル：3歳牡馬・牝馬）の開始
1791年	ジェネラルスタッドブック（血統書）の刊行
1809年	2000ギニーステークス（約1,600メートル：3歳牡馬・牝馬）の開始
1814年	1000ギニーステークス（約1,600メートル：3歳牝馬）の開始 ジョッキークラブによって，これらのレースがクラシック競走として認定される
1821年	ジェネラルスタッドブックの第2巻で，「Thoroughbred」という語句が始めて登場

注）第一回ダービーは1,600メートルである。

の競馬は，2頭で長距離（3 km以上）を競い合う競技であり，ヒートレースあるいはマッチレースとよばれた。その後，18世紀以降に，英国において現在の競馬の基礎となるさまざまなレース（競走1,600～3,200メートル）が形作られ，現在では1,000メートルなどの短距離も加わり，概ね1,000～3,200メートルを競走する競馬となっている。

このような競走環境の変化は，サラブレッドの競走能力にも影響を及ぼし，その痕跡はゲノム配列中に刻まれている。競走能力の一つの指標である距離適性にはミオスタチン（*MSTN*）遺伝子が関与し，その遺伝型の相違が距離適性に影響を及ぼすことが遺伝学的研究から明らかになった[4)]。

⑵ 競走能力に関わる遺伝子

*MSTN*遺伝子は筋肉量を負に調節する機能をもち，

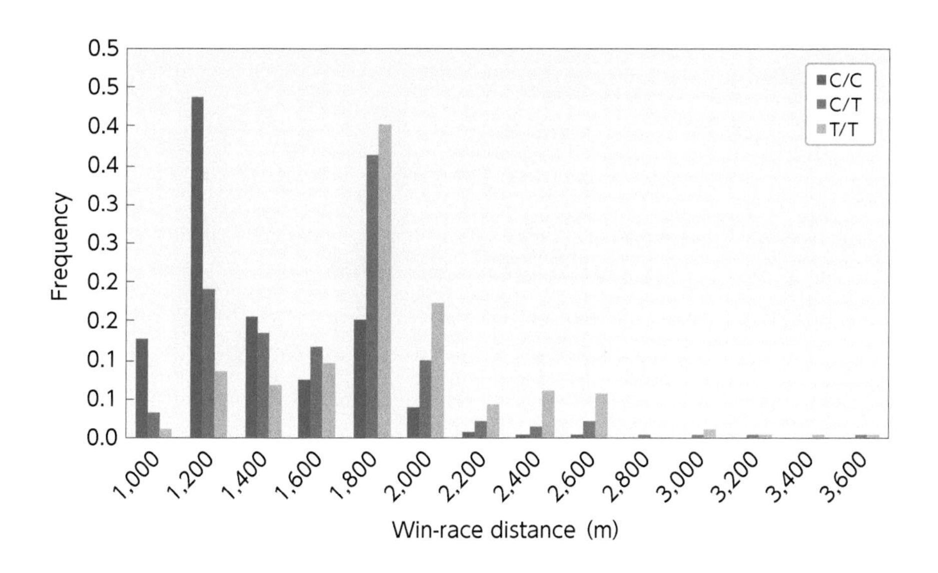

図4
ミオスタチン（*MSTN*）**遺伝子の遺伝型**（C/C, C/T, T/T型）**と勝利**（1着）**した競走距離の関係**

C/C型は短距離，C/T型は中距離，T/T型は長距離において勝利度数が高い。

［文献5）Tozaki T.（2012）*Anim Genet* **43**, 42-52より引用・改変］

その遺伝型の相違から図4に示すとおり，競走馬は短距離，中距離あるいは長距離の適性をもつ[5)]。

18世紀ごろに活躍した競走馬13頭の骨からゲノムDNAを抽出して*MSTN*遺伝子を調べると，すべて長距離適性の遺伝型であった[6)]。これは，アラブ系品種（長距離を走るのに適するように改良）がサラブレッドの始祖集団であること，また，初期の競馬が長距離主体であったことに起因すると考えられる。

一方，現在のサラブレッド集団の遺伝型を調べると，短距離，中距離，長距離適性とすべてに分布した[6)]。おそらく，現在の競馬の競走距離が，1,000〜3,200メートルと幅広いことが理由と考えられる。つまり，競走環境の変化が競走馬の改良を促したと推察される。

6 さまざまな競馬と競走馬

競馬といえば，サラブレッドが芝コースやダートコースを走るイメージが大きいと思われるが，サラブレッドの競馬以外にもさまざまな競馬が存在する。日本においては北海道帯広市で「ばんえい競馬」，米国では400メートルを出走する短距離競馬などが開催されている。

(1) ばんえい競馬と日本輓系種

ばんえい競馬（図5）では，460〜1,000 kgのソリを競走馬が牽引して200メートルの砂地を出走する。このため，ばんえい競馬の競走馬は強靱な肉体をもつ必要がある。

ばんえい競馬には，ブルトンやペルシュロン（図2），それらの改良種である日本輓系種といった馬車や農耕などに利用される大型の品種が用いられる。これらの品種

図5
ばんえい競馬と競走馬
競走馬には，ペルシュロンやブルトン，日本輓系種などが使用される。
(写真提供：ばんえい十勝)

は，開拓を目的に北海道に導入され，ばんえい競馬をとおして強靱な肉体をもつように改良された。

⑵ 短距離競馬とクォーターホース

クォーターホースは，その名のとおり，クォーター［1マイル（約1,600メートト）の四分の一］である約400メートルを走るために改良された品種である。クォーターホースは，サラブレッドを始祖個体の一つとして利用した品種であることから遺伝的にはサラブレッドに近い（図2）。

サラブレッドと比較してやや小型であるが，400メートルの競馬においてはサラブレッドよりも速いとされる。これは，クォーターホースにおける*MSTN*遺伝子の遺伝型が，ほぼ短距離型であることからも支持できるだろう。

7 公正競馬とドーピング

競馬は，強い競走馬を選抜する場であり，競馬で勝利した競走馬のみが次世代にその遺伝情報を継承させることができる。もし不正に競馬がおこなわれ，競走能力に優れない個体が繁殖に共用されれば，選抜・育種で競走能力を改良することができない。競馬にはギャンブルという面があることから公正な運営は絶対であるが，選抜・育種の面でも公正な競馬施行は重要である。

公正競馬への懸念事項の一つとして，ドーピングがあげられる。ドーピングは，薬剤などを使用して不正に競走能力を高めたり減じたりする行為であり，絶対に防がなくてはならない。そのため，短期的に薬理作用を示す興奮薬や利尿薬をはじめ，ステロイドホルモンなどの長期的に使用される薬剤についてもドーピング検査が実施されている。

最近では，CRISPR-Cas9*などのゲノム編集技術を用いて競走馬の遺伝情報を不正に改変し，遺伝子改変競走

用語解説

【CRISPR-Cas9】
ゲノム配列上の狙った部位のDNA配列を置換・欠失・挿入する技術である。

馬を作出する**遺伝子ドーピング***も公正競馬の脅威となりつつあり，対策に向けてさまざまな研究が国際的に推進されている。

8 本書の企画意図

サラブレッドという言葉は「競走馬」の代名詞的な要素もあることから，生まれながらに騎手を背に乗せて競馬場を疾走できると考えがちである。しかし，サラブレッドが競走馬として競馬場を疾走するまでには，誕生後からはじまるさまざまなステップを経る必要がある。騎乗するために必要なハミ・頭絡・鞍をつけての騎乗馴致，また，騎手を背に乗せより速く走行できるようにする育成調教などであり，これらをクリアした個体のみが競走馬として出走できる。

本書では，サラブレッドの配合，誕生，育成，調教など，どのように競走馬が競馬場を疾走できるようになるか，また，競走能力に影響を及ぼす遺伝要因および環境要因について解説することを目的に本書を企画した。次項以降の各論を読んでいただき，300年間かけてつくられたサラブレッドにロマンをはせていただきたい。

最近では，ソダシ号に代表される白毛の馬が人気となっていることから，ウマの毛色のメカニズムなどについても新たに取り上げた。

また，競走馬が安全に速く競馬場を出走し，競馬を公正に施行するために多くの者が関わっている。すべてではないが，競馬の開催に関わる「競馬のおしごと」についても紹介する。本書を通して，生物としてのサラブレッド競走馬に加え，それに関わる者を含めた競馬産業全般にも興味を持っていただけると幸いである。

用語解説

【遺伝子ドーピング】
遺伝子治療技術の不正利用であり，動物個体に遺伝子ドーピング物質を投与する場合，受精卵を改変して遺伝子改変競走馬を作出する場合の二つが競馬産業における遺伝子ドーピングと定義されている。

[文 献]

1) McCue, M. E., Bannasch, D. L., Petersen, J. L., Gurr, J., Bailey, E. *et al.* Genomic inbreeding trends, influential sire lines and selection in the global Thoroughbred horse population. *PLoS Genet* **8**, e1002451 (2012).

2) Tozaki, T., Kikuchi, M., Kakoi, H., Hirota, K., Nagata, S. *et al.* Genetic diversity and relationships among native Japanese horse breeds, the Japanese Thoroughbred and horses outside of Japan using genome-wide SNP data. *Anim Genet* **50**, 449–459 (2019).

3) McGivney, B. A., Han, H., Corduff, L. R., Katz, L. M., Tozaki, T. *et al.* Genomic inbreeding trends, influential sire lines and selection in the global Thoroughbred horse population. *Sci Rep* **10**, 466 (2020).

4) Tozaki, T., Miyake, T., Kakoi, H., Gawahara, H., Sugita, S. *et al.* A genome-wide association study for racing performances in Thoroughbreds clarifies a candidate region near the MSTN gene. *Anim Genet* **41** Suppl 2, 28–35 (2010).

5) Tozaki, T., Hill, E. W., Hirota, K., Kakoi, H., Gawahara, H. *et al.* A cohort study of racing performance in Japanese Thoroughbred racehorses using genome information on ECA18. *Anim Genet* **43**, 42–52 (2012).

6) Bower, M. A., McGivney, B. A., Campana, M. G., Gu, J., Andersson, L. S. *et al.* The genetic origin and history of speed in the thoroughbred racehorse. *Nat Commun* **3**, 643 (2012).

1 サラブレッドの定義
――血統の登録と遺伝学的検査について

栫 裕永
Hironaga Kakoi

公益財団法人 競走馬理化学研究所
遺伝子分析部遺伝子分析部 部長

1990年，名古屋大学農学部畜産学科卒業。1992年，名古屋大学大学院農学研究科博士課程前期課程修了。同年より競走馬理化学研究所に勤務。博士（農学）。専門分野は，家畜育種学・動物遺伝学。主な著書に，遺伝子の窓から見た動物たち―フィールドと実験室をつないで―（分担執筆，京都大学学術出版会，2006）。

生まれた子馬がサラブレッドと認められ，競走馬としてデビューするためには，その馬の血統の純粋性が証明されなければならない。本稿では，サラブレッドとして認められるために必要な血統登録の要件，そして血統の証明を目的とする親子判定のための遺伝学的検査について紹介する。

1 サラブレッドと血統登録

Thoroughbred（サラブレッド）という言葉は，「徹底的に品種改良された」という意味を持っている。サラブレッドは，17世紀ごろからイギリス在来の狩猟用の牝馬とアラブの牡馬を配合させることで改良が始められ，過去300年にわたり，速く走ることを目的に，競馬を通して文字通り徹底的に改良された馬である。

現在，サラブレッドは，競走用の馬として，「ウマ」という種の中の1品種として位置づけられている。一般的に，生物の品種とは，同じ種の中で，形態的あるいは遺伝的に同一の特徴を持つものを分類した個体群の単位を指す。加えて，生息・飼養地域などで分類される場合もある。現在，馬の品種はおよそ500種類ともいわれているが，それもこれらと同様の考え方で分類された数といえる。もちろん，徹底して改良されたサラブレッドも，形態的，遺伝的に画一的な品種として分類することができるだろう。しかし，サラブレッドという品種を定義する場合，もう一つ考え方を加える必要がある。それは，「血統登録」がおこなわれているかということである。サラブレッドの血統登録をおこなうには，両親のみならず祖先の素性まで明らかであることが必要だ。仮に，形態的，遺伝的にサラブレッドといっておかしくない馬がいても，祖先のはっきりした記録がない限り，その馬はサラブレッドとはなり得ない。

なぜこのような考え方が存在するのか。その理由は，サラブレッドにおいては血統の純粋性が最も重要視されているからである。この純粋性を保つ目的のため，サラブレッドが誕生した英国において，1791年，サラブレッド血統書の基礎となるジェネラル・スタッド・ブック（序巻）が発行され，サラブレッドの登録事業が開始された[1)]。現在，サラブレッド血統書は，世界各国の血統登録機関を公認する国際血統書委員会（インターナショナル・スタッドブック・コミッティー）により認められたものでなければならない。そして，サラブレッドの資格要件として，この血統書に記録されている父と母の間の子であること，または，両親の一方または両方が「サラブレッドとの8代交配」を経て国際血統書委員会がサラブレッドとして承認した馬であることが定められている[2)]。このような特徴的な品種の定義がサラブレッドには存在する。なお，現在，血統登録事業はさまざまな家畜動物においておこなわれているが，サラブレッドにおける血統登録事業は他に先駆けておこなわれたものであり，最も長い歴史がある。

2 血統以外にも求められるルール

サラブレッドの定義の中には，血統の純粋性だけにとどまらず，繁殖の方法についても厳格なルールが存在する。サラブレッドは，競馬で良い成績を残すことで，種牡馬，繁殖牝馬となっていく。そして，走力の高い親馬たちが次世代のサラブレッドを生産していく。こうした競馬を通したサイクルが，品種としての改良を促す仕組みとなっている。ここで，他の家畜であれば，次世代の子を効率良く生産するため，人工授精（あるいはクローン）など，人為的な操作による繁殖技術を用いることが普遍的だ。しかし，サラブレッドでは，人為的な繁殖技術の介入は一切認められていない。交配相手の選択は人間がおこなうものの，交配そのものは直接交尾（本交）に限られる。このことは，意図的に親馬を偽る不正などを防ぐ意味もあるが，人為的操作によって特定の血統の馬が増えてしまうことを危惧するためでもある。「特定の血統に集中することによって近親交配の弊害，体質の

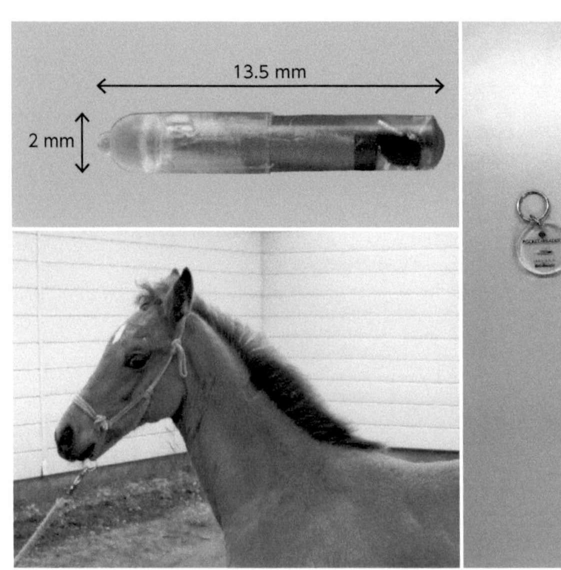

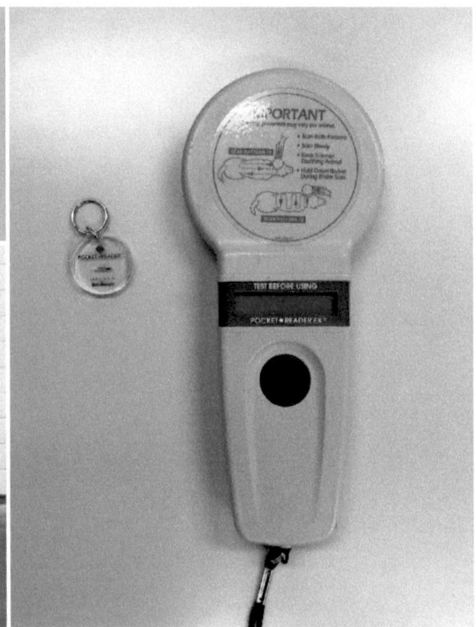

図1
サラブレッドに使用されるマイクロチップ

マイクロチップ（左上）とマイクロチップリーダー（右）。マイクロチップは子馬が生まれたとき，左側頸部中央の項靭帯またはその付近に埋め込まれる。

［提供：（公財）ジャパン・スタッドブック・インターナショナル］

虚弱あるいは，疾病，故障などの多発が危惧され，いったんこのようなことが生じると，サラブレッドという品種の存続に重大な危機が生じるという見解が多数を占めるため，もしこの制限を解除するのであれば，国際的な合意がなければ踏み切れない。」というのが国際血統書委員会の公式な認識となっている[3]。

また，現在では，すべてのサラブレッドにマイクロチップを埋め込むことが推奨されている[4]。マイクロチップは生まれたときに，左側頸部中央の項靭帯またはその付近に埋め込まれる（図1）。血統登録の審査（図2）をおこなうときや，競馬の入厩，海外への輸出入時などに，マイクロチップ番号（国番号，動物番号，個体番号）を読み取ることで個体識別が可能となる。このことにより，どのライフステージにおいても故意または錯誤による馬の取り違えなどを防止でき，突き詰めれば血統の純粋性を保つことにつながっている。なお，マイクロチップ以

図2
血統登録審査の様子

書類審査，マイクロチップの読み取り，特徴（白斑，旋毛の位置）の記録のほか，DNA型検査のための毛髪（たてがみ）の採取がおこなわれる。

［提供：（公財）ジャパン・スタッドブック・インターナショナル］

外にも，毛色や頭部，肢部の白斑，旋毛（つむじ）の位置などの特徴の記録は古くからおこなわれており，同様に個体識別に利用されている。

以上のように，サラブレッドと認められるためには，厳格な条件をクリアする必要がある。ただし，これまで述べてきた内容は，人間の管理や記録といった血統登録における環境的な要件といってよいだろう。一方で，遺伝的な要件についても厳しい定めがある。サラブレッドの血統登録をおこなう場合は，必ず科学的検査を実施し，その馬の両親との関係に矛盾がないことを証明しなければならない。それを証明する方法として，現在は，DNA型による親子判定検査が実施されている。

3 血統登録のための遺伝学的検査

サラブレッドの親子判定の科学的検査は，世界各国で独自におこなわれていたが，1987年，国際血統書委員会の打ち出した方針により，国際的に統一した検査を実施するようになった[5)]。当初は，血液型検査によるものであったが，2001年を境に徐々にDNA型検査へと移行し，現在はすべての国でDNA型検査が実施されている。

血液型検査では，赤血球抗原型7項目および血液蛋白質型8項目を調べることが国際標準であった[6)]。これらを合わせた15項目で血液型を分類すると理論上約3兆個の組み合わせになる。なお，馬の血液型の数だけが3兆個もあって他の動物とは桁が違うという話を聞くことがあるが，それは間違いである。他の動物であっても複数の検査項目によって同じように多数の血液型を分類することが可能である。こうした血液型の分類を利用して，信頼度の高い親子判定がおこなわれ，サラブレッドの血統登録が支えられてきた。しかし，DNA型検査による

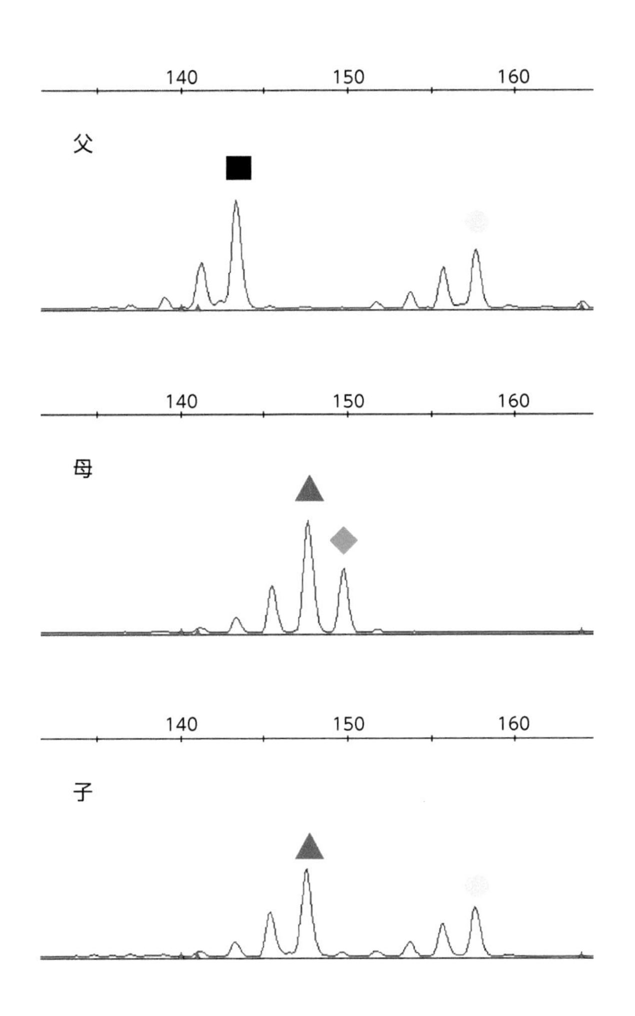

図3
マイクロサテライトDNAの分析（電気泳動像図）
マイクロライトDNAの繰り返しの長さに対応したピークが検出され，長いほど右側に出る。子は，父と母の持つピークを一つずつ受け継ぐ。

親子判定に切り替わったため，今では血統登録のための用途はほぼなくなったといってよい。一方で，現在も，血液型検査は馬の輸血治療における**ユニバーサルドナー馬***の選定などに利用されている[7]。

新たに血統登録に用いられるようになったDNA型検査では，**マイクロサテライトDNA***が検査項目として用いられている（図3）。このマイクロサテライトDNAは，ヒトの法医学鑑定における検査でも広く用いられている[8]。検査は，子馬が生まれた後におこなわれる血統

用語解説

【ユニバーサルドナー馬】
輸血のための血液を提供できる馬。輸血による血液型の不適合反応をなるべく起こさないよう選定される。この馬の血液は，品種や個体を問わず輸血することができる。

【マイクロサテライトDNA】
ゲノム（約30億塩基対）の中に存在する2～6塩基の繰り返し配列をいう。この繰り返し数は個体によって異なり，親子の間で遺伝する。

図4
DNA型検査に用いられる毛髪（たてがみ）**の検体**

毛髪の検体（上），DNAを抽出するため毛根の付着した毛髪を選抜する（下）

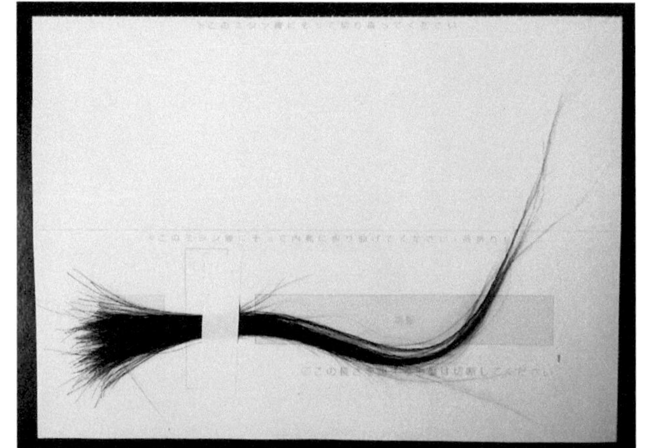

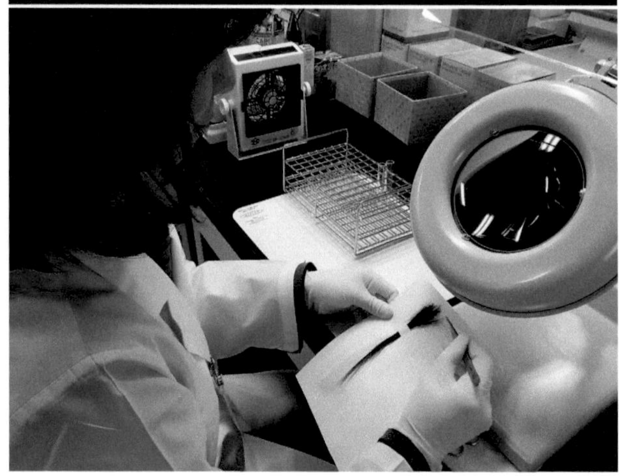

登録の審査時に採取される毛髪（たてがみ）の毛根（図4）から抽出したDNAサンプルを用いる（一部の国では血液から抽出したDNAを用いている）。このサンプルを対象にして，12種類の定められたマイクロサテライトDNAのDNA型を調べることが国際標準となっている[9]。また，DNA型検査によって得られなければならない親子判定の精度についても国際的な定めがある。精度の評価は**父権否定率***という値によって求められるが，この値が99.95％以上とならなければならない。この精度を満たすため，実際には，国際標準以外のマイクロサテラ

用語解説

【父権否定率】
ある母子に対して，正しくない父親をどれくらいの確率で否定できるかを示す。家畜の親子判定能力の指標として一般的に用いられる。

イトDNAを複数追加して，17〜18種類の検査がおこなわれていることが一般的である。以前の血液型検査では父権否定率が約97％であったものの，DNA型検査では99.99％以上と非常に高い親子判定精度が実現している[10)]。

父権否定率とは，正しい父親を探し当てることができる能力といってよい。人工授精がなく，本交がおこなわれるサラブレッドでは，父母子の特定はそれほど難しくないと思われがちである。しかし，複数頭の種牡馬の種付けでようやく牝馬が妊娠するケースもあり，その場合は真の父を特定しなければならない。サラブレッドでは，種牡馬同士が親兄弟であり遺伝的にも似ている場合がよくあるが，100％近い父権否定率をもつDNA型検査ではまず解決できないケースはない。

このように精度の高い検査を用いることがサラブレッドの血統登録では義務づけられているが，もう一つクリアしなければならない条件がある。それは，サラブレッドの検査をおこなう資格を有する研究所で検査を受けなければならないということである。この資格とは，馬の国際比較試験（世界各国の研究所が複数の馬のDNAサンプルを同時に検査し合い，そこで正しい結果を出せるか調査する試験）で一定の評価基準をクリアし，各国のサラブレッド血統登録機関に検査を認可されていることを指す。この資格のない研究所がDNA型検査をしても，その結果を血統登録に利用することはできない。

昨今では，マイクロサテライトDNAに替わる新たなDNA型検査が検討されている。2009年に馬の全ゲノム配列が解読されて以来[11)]，ゲノム上に数百万という単位で**一塩基多型（SNP）**[*]が見つかっており，これを親子判定検査へ利用することについて研究がおこなわれてきた[12)13)]。SNPは，マイクロサテライトDNAよりも突然変異率が低いことや，一度の分析で大量の多型情報が得

用語解説

【一塩基多型（SNP）】
ゲノムを構成する塩基配列の中で，1ヵ所の塩基配列が個体間で異なり，多様性（多型性）が生じている現象。この塩基配列における突然変異率は，マイクロサテライトDNAのそれに比べ低いとされる。

られるなどの利点がある。すでに，牛などの家畜では，このSNPの分析が親子判定検査のみならず個体の能力の検定などに用いられている。サラブレッドの血統登録においても，SNP分析が次世代の検査法として注目されている。

4 血統とつながりのある遺伝学的研究

サラブレッドで重要視される血統であるが，DNA型検査とは別に，これに関連する研究があるので紹介する。サラブレッドの誕生には，三大根幹種牡馬といわれる3頭の牡のアラブ馬（ダーレー・アラビアン，ゴドルフィン・アラビアン，バイアリー・ターク）（図5）が関わっているとされ，現存のサラブレッドの父系をたどるとこの3頭に行きつくこととなる。哺乳動物の性染色体のうち，Y染色体は父系遺伝するものである。したがって，サラブレッドのY染色体とこの3頭の系譜を照らし合わせてみることは興味深い。馬のY染色体の塩基配列に関する研究が進み始めた当初，残念ながら馬のY染色体そのものに多様性がないことが指摘されていた[14)]。これは，馬の家畜化においては少数の牡馬しか関与しなかったことを物語っている。しかし，家畜化後にY染色体上に変異が生じていることが見つかった[15)]。その後，**次世代シークエンス***による馬のY染色体の塩基配列解読が実施され，家畜ウマでは740個の観察された変異により，71のタイプに分類できることが報告された。サラブレッドにおいてもこのタイプ分けを用いることにより，大まかに10のグループに分類することができ，三大根幹種牡馬の血統を区別することが可能となっている[16)]。

父系とは異なり，母系遺伝するものにミトコンドリアDNAがある。ミトコンドリアDNAには遺伝子と関わり

用語解説

【次世代シークエンス】
ランダムに切断された数千万～数億のDNA断片の塩基配列を同時に読み取り，読み取った配列を並列化することで，ゲノムのような極めて長い塩基配列をも高い精度で読み取ることができる技術。

図5
三大根幹種牡馬

ダーレー・アラビアン(1700)(上)，ゴドルフィン・アラビアン (1724)(中)，バイアリー・ターク (1680)(下)
( )は生年。

のない塩基置換速度の速い領域（D−ループ）が存在するが，D−ループの多様性は馬全体において非常に高く，同一品種内であっても多くのタイプが存在するケースがある[17]。これは，馬の家畜化に多数のさまざまな種類の牝馬が関与していたことを物語っている。そのため，ミトコンドリアDNAのタイプを調べて，品種や集団を分類することはやや難しい。しかし，集団の中における母方の系譜を調べる場合は有効なようだ。ヨーロッパにおいて，296頭のサラブレッド集団のミトコンドリアDNAのタイプを調べたところ，そのタイプは25種類に分類できた。そして，この集団に記録されるメジャーな33の母系をうまく説明することができたとする報告がある[18]。

このように，Y染色体やミトコンドリアDNAの情報は，サラブレッドの血統を証明する一つのツールとして扱うことができると考えられる。

5 おわりに

本稿では，サラブレッドの血統とそれをとりまく登録事業や科学的な検査・研究について述べてきた。300年以上にわたるサラブレッドの血統という系譜は，まさに歴史の積み重ねであり，生物学的にいえば進化の一過程といってよいだろう。血統書の様式の変遷は，その時々や国々の人間，馬あるいは競馬における文化を反映している。また，DNA型あるいは血液型データに見られる多様性の変遷などは，生物の歴史的変化の一端を示すものだ。これらの貴重な記録を正しくおこない，後世に残していくことは，サラブレッドという品種の保全ばかりでなく，文化や生物の進化を知ることにつながるに違いない。

[文 献]

1) 財団法人日本軽種馬登録協会30年史編集委員会. 軽種馬の登録事業のあゆみ（財団法人日本軽種馬登録協会, 2001）.

2) International Federation of Horseracing Authorities. International Agreement on Breeding, Racing And Wagering And Appendixes, 取得日2020年1月23日〈https: //www.ifhaonline.org/resources/ifAgreement.pdf〉(2020).

3) 公益財団法人ジャパン・スタッドブック・インターナショナル. 登録のあゆみ, 取得日2020年1月17日〈https://www.jairs.jp/history.html〉(2020).

4) International Stud Book Committee. Horse identification, 取得日2020年1月23日〈https://www.internationalstudbook.com/about-isbc/〉(2020).

5) 栫裕永. 競走馬の親子判定―検査法の過去・現在・未来―. *Hippophile* **41**, 9–20 (2010).

6) 夏野義啓. ウマの血液型検査の現状. 動物遺伝研究会誌**26**, 19–25 (1998).

7) 栫裕永. 輸血で活躍するユニバーサルドナー. *Hippophile* **77**, 20–23 (2019).

8) Kouniaki, D., Papasteriades, C. & Tsirogianni, A. Short tandem repeats loci in parentage testing. *Hospital Chronicles* **10(2)**, 83–90. 2015.

9) van de Goor, L. H., van haeringen, W. A. & Lenstra, J. A. Population studies of 17 equine STR for forensic and phylogenetic analysis. *Animal Genetics* **42(6)**, 627–633. 2011.

10) Kakoi, H., Kikuchi, M., Tozaki, T., Hirota, K. & Nagata, S. Evaluation of recent changes in genetic variability in Japanese thoroughbred population based on a short tandem repeat parentage panel. *Animal Science Journal* **90(2)**, 151–157. 2019.

11) Wade, C. M., Giulotto, E., Sigurdsson, S., Zoli, M., Gnerre, S. *et al.* Genome sequence, comparative analysis, and population genetics of the domestic horse. *Science* **326(5954)**, 865–867. 2009.

12) Hirota, K., Kakoi, H., Gawahara, H., Hasegawa, T. & Tozaki, T. Construction and validation of parentage testing for thoroughbred horses by 53 single nucleotide polymorphisms. *Journal of Veterinary Medical Science* **72(6)**, 719–726. 2010.

13) Holl, H. M., Vanhnasy, J., Everts, R. E., Hoefs-Martin, K., Cook, D. *et al.* Single nucleotide polymorphisms for DNA typing in the domestic horse. *Animal Genetics* **48(6)**, 669–676. 2017.

14) Lindgren, G., Backström, N., Swinburne, J., Hellborg, L., Einarsson, A. *et al.* Limited number of patrilines in horse domestication. *Nature Genetics* **36**, 335–336. 2004.

15) Wallner, B., Vogl, C., Shukla, P., Burgstaller, J. P., Druml, T. *et al.* Identification of genetic variation on the horse y chromosome and the tracing of male founder lineages in modern breeds. *PLoS One* **8(4)**, e60015. 2013.

16) Felkel, S., Vogl, C., Rigler, D., Dobretsberger, V., Bhanu, P. *et al.* The horse Y chromosome as an informative marker for tracing sire lines. *Scientific Reports* **9(1)**, 6095. 2019.

17) Cieslak, M., Pruvost, M., Benecke, N., Hofreiter, M., Morales, A. *et al.* Origin and history of mitochondrial DNA lineages in domestic horses. *PLoS One* **5(12)**, e15311. 2010.

18) Bower, M. A., Whitten, M., Nisbet, R. E., Spencer, M., Dominy, K. M. *et al.* Thoroughbred racehorse mitochondrial DNA demonstrates closer than expected links between maternal genetic history and pedigree records. *Journal of Animal Breeding and Genetics* **130(3)**, 227–235. 2013.

2 サラブレッドの毛色
——遺伝情報から毛色がわかる

戸崎 晃明
Teruaki Tozaki

公益財団法人 競走馬理化学研究所
遺伝子分析課長

1992年，昭和大学薬学部および馬術部を卒業。2001年，昭和大学博士（薬学），2013年，京都大学博士（農学）を取得。岐阜大学応用生物科学部客員獣医学系教授を兼務，昭和大学薬学部客員教授などを歴任。専門分野はゲノム科学および遺伝学であり，ウマの全ゲノム配列を決定した「Horse Genome Project」にも参画。日本ウマ科学会から学会賞（第9号）（2013年）を受賞。主な著書に，最新畜産ハンドブック（分担執筆，講談社，2014），シリーズ家畜の科学6 ウマの科学（分担執筆，朝倉書店，2016）など。週末はJRA馬事公苑（宇都宮事務所）で，職員乗馬部員として練習に励み，研究活動と乗馬活動から馬を探求する。

サラブレッドの毛色は，栗毛，栃栗毛，鹿毛，黒鹿毛，青鹿毛，青毛，芦毛および白毛の8種類であり，旋毛の数と位置，頭部と四肢の白斑の形と大きさと合わせて個体識別に利用されている。サラブレッド以外では，河原毛，佐目毛，シルバーダップル，アパルーサなど多様な毛色が存在し，毛色の多様性から，馬の家畜化の歴史を推測することもできる。本稿では，馬の毛色と原因遺伝子を紹介することで，毛色のメカニズムへの理解を深めたい。

1 馬の毛色の種類

(1) 多様な毛色

日本で馬を見る主な機会は競馬であるため，馬の毛色というと栗毛や鹿毛，芦毛などを思い浮かべるかもしれないが，海外に目を向けると，映画「101匹わんちゃん」に登場する犬のダルメシアンのような毛色（アパルーサ），また，背中の鰻線と肢のゼブラ模様などをもつ原始に近い毛色もあり，多様な毛色が存在する。多様な毛色は個体識別に役立つため，馬の登録時に識別情報の一つとして古くから利用されてきた。

はじめに，馬の毛色を理解するために，サラブレッドで見られる代表的な8種類の毛色の特徴を紹介する（図1）。

⑵ メラニン色素が毛色をつくる

メラニン（色素）には，ユーメラニン（黒色メラニン）とフェオメラニン（黄色メラニン）の2種類があり，ユーメラニンは黒く暗い色を，フェオメラニンは黄褐色の明るい色を呈する。毛色は，これらのメラニンの供給量比と提供部位で決まる。青毛は全身でユーメラニンの比率が多いことで黒くなり，栗毛はフェオメラニンの比率が多いことで茶色くなる（図2）。鹿毛は，その中間的な位置づけであり，四肢下部の黒くなる部分はユーメラニンの影響である。

2 毛色の遺伝子

⑴ 毛色関連遺伝子

ここでは，メラニン細胞（色素細胞）がメラニンを産生するしくみを紹介する。馬の毛色に関わる遺伝子とし，MC1R（メラニン細胞刺激ホルモン1型受容体）遺伝子，ASIP（アグーチシグナルタンパク）遺伝子，STX17（シンタキシン17）遺伝子，KIT（キット：受容体型チロシンキナーゼ）遺伝子があり（図3），これらの遺伝子にDNA多型が存在することで，栗毛系（栗毛，栃栗毛），鹿毛系（鹿毛，黒鹿毛，青鹿毛），青毛，芦毛，白毛が表れる（表1）。鹿毛系と栗毛系にはMC1RとASIPが，芦毛にはSTX17，白毛にはKITが関与する。

⑵ 栗毛，鹿毛と青毛の遺伝子

MC1R遺伝子は受容体型タンパク質をコードし，メラニン細胞刺激ホルモン（MSH）の刺激をメラニン細胞内に伝達する機能を持つ（図3）。アデニル酸シクラーゼを活性化することで，ユーメラニンの合成を促進する。MC1R は83番目のセリン（S）がフェニルアラニン（F）

〈栗 毛〉

〈鹿 毛〉

〈栃栗毛〉

〈黒鹿毛〉

栗毛（くりげ）：全身が明るい茶色（黄褐色）であり，被毛（全身の短い毛）は黄褐色で，長毛（たてがみ，尻尾）は被毛より濃いものから淡く白色に近いものまである。

栃栗毛（とちくりげ）：濃い栗毛と理解すると良い。全身が濃い茶色であり，被毛は黒味がかった黄褐色から黒味の非常に濃いものまである。長毛は被毛より濃いものから，白色に近いものまである。

鹿毛（かげ）：四肢は黒色であり，四肢以外が黒茶色である。被毛は明るい赤褐色から暗い赤褐色まであるが，長毛と四肢の下部は黒色である。栗毛との違いは長毛と四肢の下部で，栗毛は黒くならない。

黒鹿毛（くろかげ）：四肢以外が濃い黒茶色で，四肢は黒色である。鹿毛に比べて，被毛の黒みが強い。

青鹿毛（あおかげ）：四肢も含めて全身が黒いが，青毛に比べてわずかに褐色がある。黒鹿毛に比べて，被毛の黒みが強い。

青毛（あおげ）：全身が黒色であり，被毛，長毛共に黒色である。サラブレッドでは少ない。

芦毛（あしげ）：誕生時は原毛色（栗色系や鹿毛系，青毛）であるが，加齢に伴って白い毛に変化する。

白毛（しろげ）：誕生時から全身が白い毛で覆われる。個体によっては，大小さまざまな有色斑を持つ場合がある。

〈青鹿毛〉

〈青 毛〉

〈芦 毛〉

〈白 毛〉

図1
サラブレッドの毛色

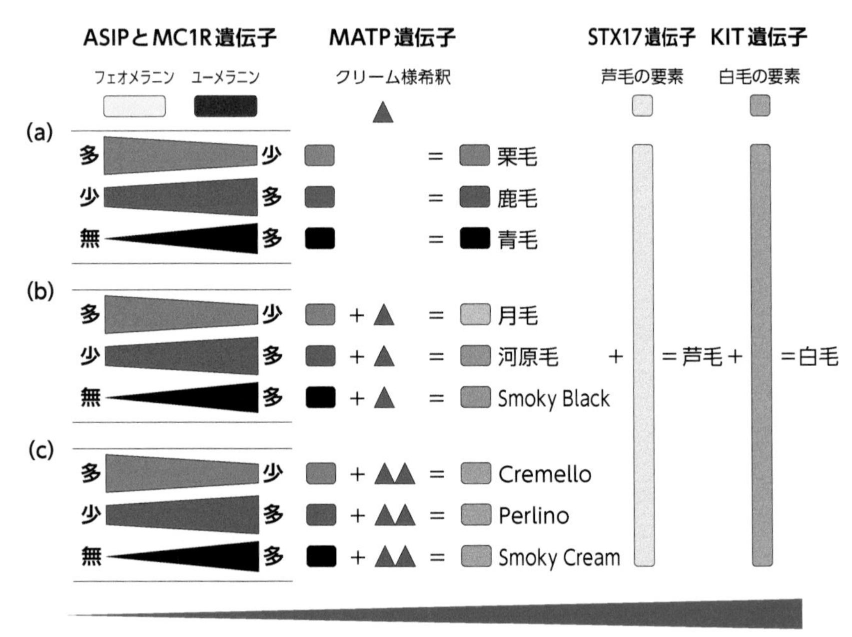

図2
毛色の表現型の関係

に変化する多型「S83F」を持ち，変異型ではフェオメラニンの合成が促進される。特に，変異型をホモ型で持つ場合には，シグナル伝達が抑制され，フェオメラニンの産生が更新されて栗毛になる。

ASIP遺伝子はシグナルタンパク質をコードし，MSHのMC1Rへの結合を競合阻害する機能を持つ（図3）。ASIPは，192番目から11塩基対（bp）の欠失を持つタイプがあり，欠失をホモ型で持つことによって阻害機構が働かず，MSHの刺激が強くなり黒色が増す。

コラム❶

なぜ青毛はサラブレッドで少ないのか？

表1をみるとわかるように，青毛の条件はASIPが「a/a」と変異型をホモ型で持ち，かつMC1Rが野生型（E-アレル）を持つ必要があるため，この遺伝型の組みあわせで生じる青毛は低頻度となるからである。また，Smoky BlackやSmoky Creamは青毛をベースとしてMATPの変異型（C^{cr}）を持つ必要があるため，さらに低頻度となる。このため，和名が明確に定まっていないのかもしれない。

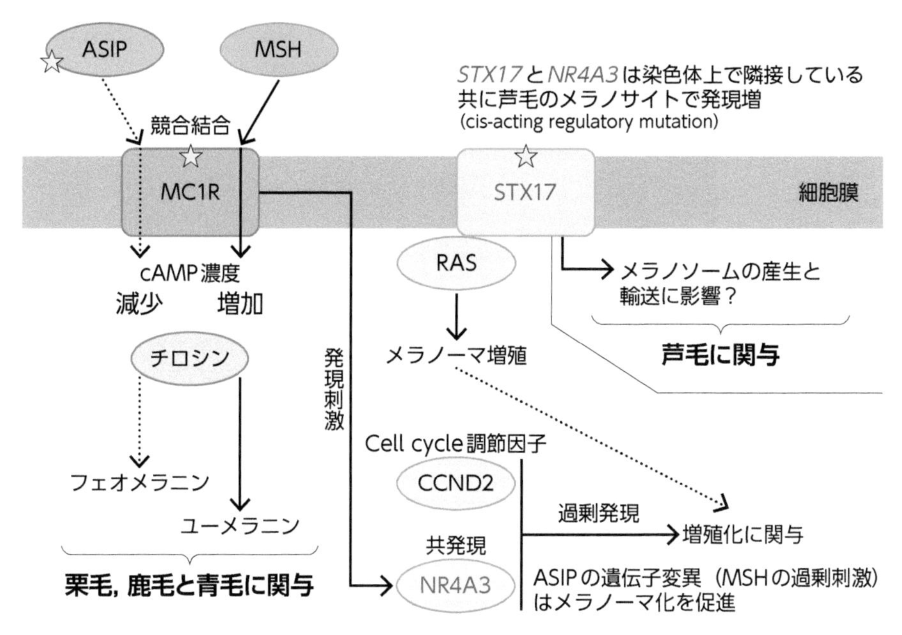

（☆：ASIP，MC1R，STX17遺伝子は毛色の表現型に関連するDNA多型を持つ）

図3
馬における毛色関連遺伝子のメラニン産生のメカニズム

⑶ 芦毛の遺伝子

STX17遺伝子は膜タンパク質をコードし，第6イントロン（約4.6 kb）が重複する変異を持つ。STX17の機能は明確には解明されていないが，メラニン細胞の分化と輸送に関連するとされる（図3）。メラニン細胞の分化が異常に亢進することで，皮膚にメラニン細胞が多くなり，また，成長に伴ってメラニン細胞が早期に枯渇することで，被毛が白くなる。また，芦毛は顕性形質であるため，変異アレル（G）を一つ持つ「G/g型」で芦毛になるが，二つ持つ「G/G」型では，より若齢で全身が白く（Graying）なる。

⑷ 白毛の遺伝子

KITは，胎性期において体幹部にある神経堤からのメラニン細胞の分化と誘導に関与する。KIT遺伝子に変異があると皮膚表面にメラニン細胞が分布できず，毛根細

表1 これまでに同定された毛色関連遺伝子と遺伝型の組み合わせにより生じる毛色の関係

遺伝子	白毛	芦毛	栗毛	鹿毛	青毛	月毛
KIT	W/- (Sb1/Sb1)	w/w	w/w	w/w	w/w	w/w
STX17	-/-	G/-	g/g	g/g	g/g	g/g
ASIP	-/-	-/-	-/-	A/-	a/a	-/-
MC1R	-/-	-/-	e/e	E/-	E/-	e/e
MATP	-/-	-/-	C/C	C/C	C/C	C/C^{cr}

遺伝子	河原毛	Smoky Black	佐目毛		
			Cremello	Perlino	Smoky Cream
KIT	w/w	w/w	w/w	w/w	w/w
STX17	g/g	g/g	g/g	g/g	g/g
ASIP	A/-	a/a	-/-	A/-	a/a
MC1R	E/-	E/-	e/e	E/-	E/-
MATP	C/C^{cr}	C/C^{cr}	C^{cr}/C^{cr}	C^{cr}/C^{cr}	C^{cr}/C^{cr}

KIT遺伝子では，野生型をw，変異型をWと示す。STX17遺伝子では，野生型をg，変異型をGと示す。ASIP遺伝子とMC1R遺伝子では，野生型を大文字，変異型を小文字で示す。MATP遺伝子では，野生型をC，変異型をC^{cr}と示す。なお，-は野生型あるいは変異型のいずれかを示す。

栗毛・鹿毛・青毛のMATP遺伝子を除く遺伝子型は，それぞれ，月毛・河原毛・Smoky Black，佐目毛のCremello・Perlino・Smoky Creamと同じとなっている。栗毛・鹿毛・青毛の遺伝的な要素（構成）に，MATPの変異型を1個持つか2個持つかで，栗毛に対しては月毛やCremelloなどとなる。

上記以外にも，PMEL17遺伝子（シルバー様希釈遺伝子：黒色メラニンに作用），SLC36A1遺伝子（シャンパン様希釈遺伝子：黄色・黒色メラニンに作用），EDNRB遺伝子（オベロ「白斑模様」を示し，ホモ型変異は致死）などが，ウマの毛色関連遺伝子として同定されている。これらを含めた遺伝子診断をおこなうことにより，現在，馬（特にサラブレッド）の毛色の多くを正確に推定することが可能となっている。

コラム❷

もし斑の白毛（例：ブチコ号）が芦毛の原因遺伝子を持っていたら？

あくまでも推測の話であるが，若齢時の有色斑は栗毛や鹿毛などの毛色になるが，経年に伴い芦毛の影響がでて白い毛（芦毛）になるだろう。もともとKIT遺伝子の変異によって全身がほぼ白いので，結果的に全身が白になると推定される。

胞にメラニン色素を供給できずに白毛となる。このため，メラニン色素の合成能を欠失するアルビノとは異なるため，偶然に皮膚表面にメラニン細胞が分布した場合には，その部分は有色（原毛色）の斑になる。この代表例は，白毛馬のブチコ号である。

⑸ 希釈遺伝子

サラブレッドではほぼ見られないが，月毛，河原毛および佐目毛に関与する遺伝子としてMATP（膜関連トランスポータータンパク質）遺伝子があり，別名でクリーム様希釈遺伝子ともよばれる。ユーメラニンとフェオメラニンの両方を希釈するように作用し，ヘテロ型では，栗毛を月毛に，鹿毛を河原毛に，青毛をスモーキーブラックに変える（図2）。ホモ型では，両メラニンを強く希釈して佐目毛（ほぼほぼ白い）に変える。なお，栗毛をCremello，鹿毛をPerlino，黒毛をSmoky Creamに変えるが，日本語では区別がなく佐目毛と表現している。

サラブレッドではみられないが，希釈遺伝子としてPMEL17遺伝子があり，別名でシルバー様希釈遺伝子ともよばれる。ユーメラニンのみに作用し，特に長毛に影響する。このため長毛は，原毛色が青毛の場合にはユーメラニンが多いため銀色に，原毛色が鹿毛の場合には若干のフェオメラニンも含まれるため金色のように見える。

コラム❸

シラユキヒメ号は白毛の創始者？

毛色の遺伝子のDNA多型は，MC1Rであれば83番目のセリン（S）がフェニルアラニン（F），STX17遺伝子であれば第6イントロン（約4.6 kb）の重複などと共通しており，これを創始者効果（現代に存在するDNA多型は，古代のある特定の馬に由来する）とよぶ。

しかし，サラブレッドの白毛については，今のところ当てはまらない。これは，原因遺伝子はKIT遺伝子であるものの，家系の相違で変異の種類が異なるためだ（シラユキヒメ系，マルマツライブなど）。ただし，ソダシ号やブチコ号が重賞競走で勝利するなどシラユキヒメ系の白毛馬が増加してきたことで，これが数世代にわたって継続すると，シラユキヒメがサラブレッドにおける白毛の創始者（創始馬）として有名になるかもしれない。

図4
サラブレッドの白毛であるソダシ号
2021年4月11日，桜花賞。
(写真提供：日本中央競馬会)

栗毛は，ユーメラニンを持たないため，この遺伝子の影響を受けない。

3 白変種とアルビノ

馬において，KIT遺伝子の変異によって生じる白毛は白変種として分類される。アルビノとは，メラニン色素

を細胞内で合成する機能が欠失した個体に適用されるため，競走馬で有名なソダシ号やユキチャン号は，アルビノではなく白変種である（図4）。なお，ソダシ号やユキチャン号は，シラユキヒメ号に生じた突然変異を遺伝継承したことで白毛となった。

図5に，メラニン合成に関わるメカニズムを記載した。メラニン合成に関わるTyrosinase（チロシナーゼ）遺伝子に変異が生じるとメラニンを産生することができなく

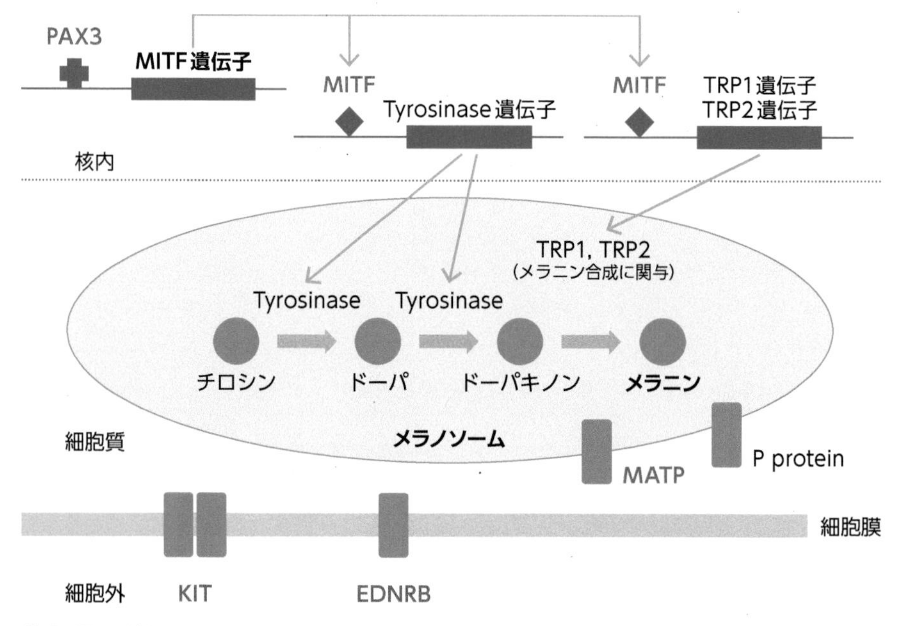

(赤字で記した遺伝子は，馬においてDNA多型をもって白い毛に関与する。)

図5
メラニン産生に関与する遺伝子とDNA多型

なる。アルビノでは，メラニン細胞が皮膚に存在しても，メラニンを産生する能力がないために白皮になる。

KITと同様にEDNRB（エンドセリン受容体B）は細胞膜に存在し，細胞外からのシグナルを細胞内に伝達する機能を有する（図5）。これらの遺伝子に変異が生じると，メラニン細胞が皮膚表面に存在できないことで白毛となる。アルビノでは症状が皮膚細胞だけではなくすべての細胞で現れるが，白変種ではメラニン細胞が本来存在する組織のみに限定的に現れる。白毛馬を細かく観察すると，KIT遺伝子の変異によって生じる白毛は，黒い目や

コラム❹

シマウマの縞模様は何のため？

さまざまな諸説はあるが，虫を寄せ付けない効果が主流になりつつある。虫（蚊やハエなど）が媒介する微生物は馬の健康を損なうことから，自衛のために縞模様となったとする説だ。虫は縞模様を明確に認識できずに，皮膚表明への着地が困難になる。

有色斑がある場合があり，メラニン色素の合成能があることがわかる。
　このほかにも，Tyrosinase遺伝子を活性化させるPAX3遺伝子とMITF遺伝子にDNA多型が生じることでも，馬において白斑の大きな個体が誕生することがある。

4 毛色と疾患

　芦毛の馬は，詳細なメカニズムは解明されていないが，高い確率でメラノーマ（黒色腫）になる。メラノーマとは，主に皮膚に生じる腫瘍であり，リピッツァナー種を用いた統計データにおいて，Graying（白っぽくなる現象）同様に，加齢に伴ってメラノーマの発症や病態が進行することが報告されている[1)]。
　また，先に述べたホモ型（G/G）とヘテロ型（G/g）の違いによっても，病態の進行の度合いが変わる。メラノーマもGrayingと同様に，二つの変異を持つホモ型において，より早い年齢での発症や病態の進行が認められる。さらに，原毛色が青毛の場合には，メラノーマのリスクが高まるとされる。これはASIPが関与する細胞内シグナル伝達系が，細胞周期を制御する蛋白質に影響し，細胞分裂を促進することでメラノーマの病態を進行させると考えられている（図3）。

5 毛色と馬の性格

　メラニン細胞と神経細胞（ニューロン）が利用する共通のシグナル伝達経路により，多くの哺乳類では毛色と行動（性格）に関連性があることがわかっている。たとえば，ヒトでは，MC1Rの多型は痛みへの耐性の低下と関連する。マウスやラットなどでは，ASIPの多型は従順な態度と活動性の低下と関連する。

北米のテネシーウォーキングホースを使った毛色と性格の関連調査は，青毛が鹿毛系に比べて自立性が高いことを示した。つまり，ASIP遺伝子の多型と自立性は関連する[2)]。

6 毛色と馬の家畜化の歴史

最も古い馬の家畜化の痕跡は，約5,500年前の古代のボタイ（Botai）文化の遺跡に見ることができる。騎乗に必要な馬具の一部や陶器に残った馬乳の跡など，馬を家畜化していた痕跡が出土している。ゲノム情報を解読して遺伝的系統関係を調査したところ，ここで飼養されていた馬は，現在の家畜馬と同種ではなく，絶滅の危機にあるプシバルスキー馬（モウコノウマ）とよばれる野生化した馬であることがわかった。

では，現在の家畜馬の祖先はどこからきたかであるが，これは約4,200年前に現在のロシア南部（ボルガ川とドン川の周辺）に広がるステップに生息していた種に由来する[3)]。さらに，古代の遺跡骨からDNAを抽出して毛色関連遺伝子の遺伝型を調べることで古代馬の毛色を推定することで興味深いことがわかった。

後期・更新世時代（紀元前14,000～11,000年）の馬の毛色はすべて鹿毛であり，新石器および銅器時代（紀元前6,000～3,000年）では鹿毛に加えて青毛が出現した。この時点での青毛の出現は生息地域への適応（自然選択）と考えられる。その後の，青銅器時代（紀元前3,000～1,000年）では栗毛，斑毛（トビアノ），白毛（サビノ白）が出現し，鉄器時代（紀元前1,000～紀元後1,000年）ではバックスキンとシルバーダップルが出現した[4)]。

注目すべきは，青銅器時代以降に急速に多様な毛色が出現し，特に白毛模様（斑毛とサビノ白）が出現したことである。毛色の多様化は毛色関連遺伝子中の突然変異により生じ，自然環境下では生存に有利な場合のみ集団内に広がる。青銅器時代以降の多様な毛色の出現は，人為的に毛色を維持しようとする育種によって残ったのではないかと推定でき，この時期は，現在の家畜馬の起源となる馬が生息した時期とも一致する。他の家畜（ニワトリ，ウシ等）と同様であるが，「白」の出現は家畜化の影響といえる。これは，自然環境下では外貌が白いと捕食動物に狙われやすく淘汰されてしまうためである。

このように，馬の毛色の多様化は，馬が家畜化されたことによる人為的な育種選抜の影響が働いていると考えられる。

7 おわりに

毛色の多様化は，古代の人類による選抜育種によって起こったと考えられる。つまり，たまたま突然変異で生じた変わった毛色の馬を優先的に繁殖に利用したことで，現在まで続いたのだろう。馬の多様な毛色を今後に残して行くのは，現在人の努めかもかもしれない。

[文 献]

1) Rosengren Pielberg, G. *et al.* A cis-acting regulatory mutation causes premature hair graying and susceptibility to melanoma in the horse. *Nat Genet* **40**, 1004-1009 (2008).

2) Jacobs, L. N., Staiger, E. A., Albright, J. D. & Brooks, S. A. The MC1R and ASIP coat color loci may impact behavior in the horse. *J Hered* **107**, 214-9 (2016).

3) Librado, P. *et al.* The origins and spread of domestic horses from the Western Eurasian steppes. *Nature* **598**, 634-640 (2021).

4) Ludwig, A. *et al.* Coat color variation at the beginning of horse domestication. *Science* **324**, 485 (2009).

3 ウマにおける遺伝子多型と行動特性の関連
——遺伝子が生み出すウマの“個性”

堀 裕亮
Yusuke Hori

東京大学大学院 総合文化研究科

2014年，京都大学大学院文学研究科博士課程修了。博士（文学）。日本学術振興会特別研究員，京都大学大学院文学研究科助教を経て，2021年より現職。専門分野は，比較認知科学・行動遺伝学。主な著書に，ゼロからはじめる統計モデリング（ナカニシヤ出版，2017）がある。

同じ種の動物であっても，1頭1頭さまざまな個性がある。そのような個性を生み出す要因の一つが，遺伝子の塩基配列の個体差（遺伝子多型）である。遺伝子多型は，性格や行動の個体差にも影響を及ぼすと考えられている。ウマでは，どのような遺伝子がどのような行動に影響を及ぼすのか。これまでにおこなわれてきた研究を紹介する。

1 はじめに

私たち一人ひとりがまったく違う人間であるように，同じ種に属する動物であっても，1頭1頭さまざまな個性，個体差がある。外見や生理的な形質のみならず，行動特性にもさまざまな個体差が見られる。そのような個体差を生み出す要因の一つとして，遺伝子の**塩基配列***の個体差，すなわち遺伝子多型がある。

遺伝子多型には，いくつかの種類がある（図1）。そのうちの一つが，塩基配列の中の特定の1ヵ所に置換が見られる，一塩基多型（single nucleotide polymorphism:

用語解説

【塩基配列】
生物の遺伝情報を担う物質であるDNAは，糖，リン酸，塩基から構成されている。塩基にはA，G，C，Tの4種類があり，この塩基の配列（並び）が，タンパク質を構成するアミノ酸に対応している。

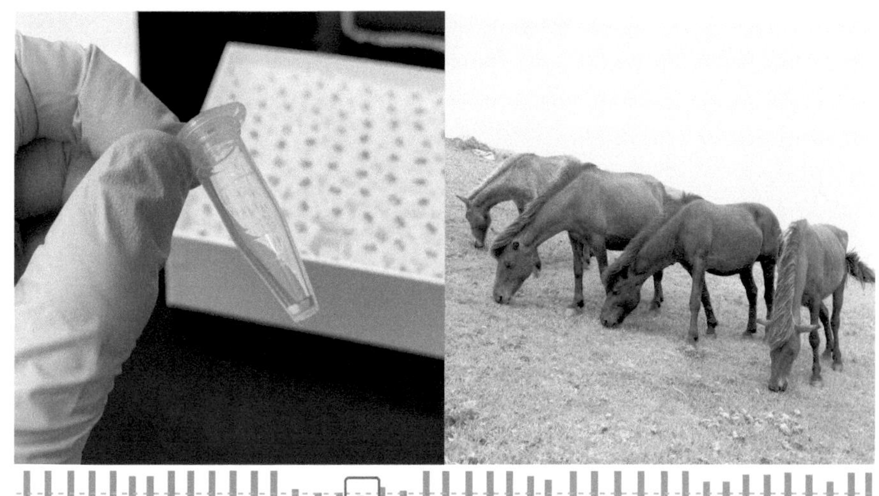

チューブに入ったウマのDNAサンプルと，DNAシークエンサーで読んだ遺伝子の塩基配列

波形が重なっているところが，多型がある部分である。このような塩基の違いが，ウマの個性を生み出しているのかもしれない。

SNP）である。また，同じ配列が繰り返し現れる領域（このような領域は，マイクロサテライトとよばれる）における，繰り返し数の多型（すなわち，遺伝子の長さの多型）もある。このような遺伝子多型があることによって，作られるタンパク質の形やはたらきが変化することがあり，それが生物種内のさまざまな個体差に影響を及ぼすことがある。

特に，脳における情報伝達に関わる遺伝子の多型が行動の個体差に及ぼす影響は，ヒトをはじめとするさまざまな動物種を対象に研究されてきており[1)]，ウマを対象にした研究もおこなわれている。本稿では，まず行動の個体差と遺伝子多型の関連を研究する際の基本的な方法論を説明する。次に，ウマの行動特性と遺伝子多型の関連が報告された例をいくつか紹介し，さらに今後の課題や展望について述べる。

図1
遺伝子多型のイメージ

上が一塩基多型を表す。この図では，左から六つ目の塩基に置換が見られる。下は，マイクロサテライトにおける反復数の多型を表す。この図では，CGAという3塩基の繰り返しがあり，その繰り返しの回数が，上の配列では4回なのに対し，下の配列では5回になっている。

一塩基多型（SNP）

反復数の多型

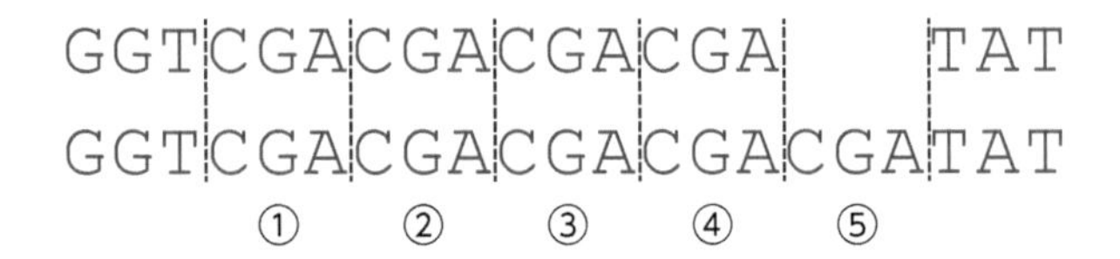

2 個性を測定する

行動の個体差を研究するためには，研究対象となる動物個体がどのような行動の特徴を持っているかを数量化することが必要になる。そのために，質問紙調査や行動テストが用いられる。

質問紙調査では，対象となる動物個体のことをよく知る飼い主や飼育担当者などに回答を依頼する。質問紙は通常，数十程度の質問項目で構成されていることが多い。データが得られたら，主成分分析や因子分析といった統計解析手法を用いて，個体の特性を評価するための尺度を作り，その得点を個体ごとに算出する。

質問紙調査の回答は，回答者の主観であるという問題もある。可能な場合は，複数の人物に回答を依頼して回答の一致率を調べ，一致率が低い項目は分析から外すこともある。

より客観的な方法として，行動テストをおこなうこともある。これは，動物を特定の状況においたときの反応を観察するもので，実験的観察ともよばれる。行動テストでは，特定の行動の出現回数や持続時間といった，量的で客観的な指標が得られる。しかし，得られた指標が

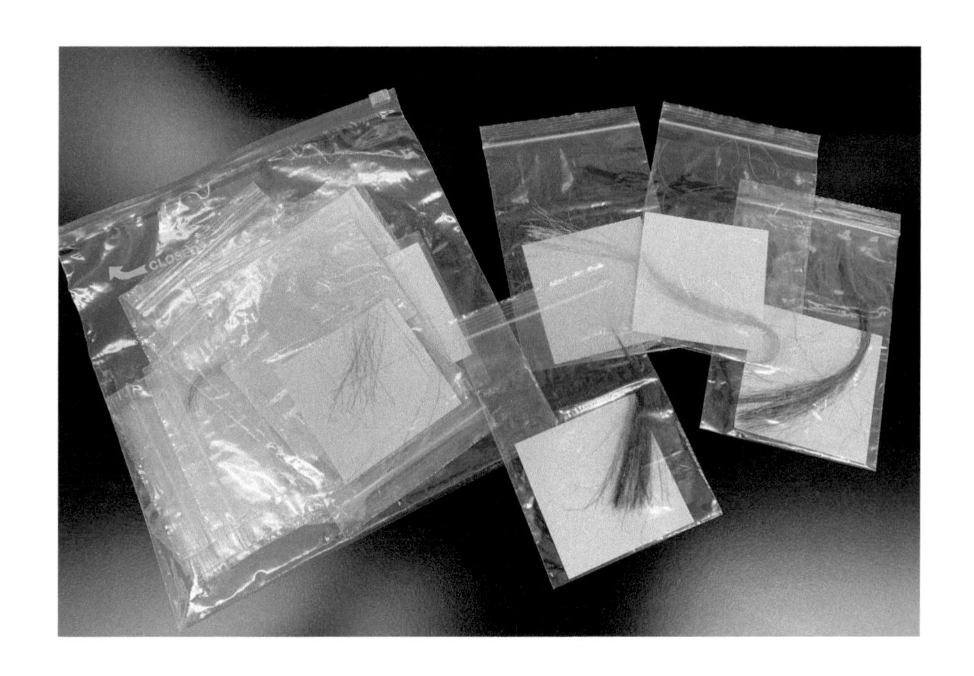

図2
DNAサンプルの例
ウマから採取した毛根つきの体毛。

何を意味しているかを解釈する際には，ヒトの主観が入ることもあるため注意が必要である。また，ウマのような大型家畜では，安全性や倫理的な面から実施が難しい場合もある。

このように，質問紙調査にも行動テストにもそれぞれ一長一短があり，単純にどちらがより優れているとはいえない。研究の対象や目的，研究を実施する環境に合わせて柔軟に使い分けるのが望ましい。

3 候補となる遺伝子多型の探索

遺伝子と行動の関連を研究するためには，どの遺伝子にどのような多型があるかを調べること（多型解析）も必要である。そのために，対象となる個体から血液，口内粘膜，毛根つきの体毛といったサンプル（図2）を採取し，そこからゲノムDNAを抽出して分析に用いる。

ここで対象とする遺伝子（候補遺伝子）は，ヒトや他の動物種で行動との関連が報告されているものを選ぶことが多い。DNA配列データベースに登録されている情報をもとに配列決定をおこない，多型を探索する。多型の情報は，すでにデータベースに登録されていることもあるが，新規な多型が発見されることもある。

多型が見つかり，個体の**遺伝子型**[*]判定が完了したら，行動データとの関連を統計的に解析する。遺伝子型のみならず，年齢や性別，その他の環境的要因なども考慮に入れた統計解析をおこなうことも可能ではあるが，多くの要因の影響を検討しようとすると，その分多くの個体数が必要となる。

4 ウマの行動の個体差に影響する遺伝子

ここからは，ウマにおいて遺伝子多型と行動の個体差の関連が報告された例をいくつか紹介する。Momozawaら[2)]は，サラブレッド馬136頭を対象に，質問紙によって測定した気質得点と，ドーパミン受容体D4遺伝子（*DRD4*）における多型との関連を分析した。ドーパミンは，神経細胞における情報伝達を担う物質（神経伝達物質）の一つで，そのドーパミンを受け取る役割をするタンパク質が，ドーパミン受容体である。ドーパミン受容体にはいくつかのサブタイプがあり，その一つがD4で，それをコードしている遺伝子が*DRD4*である。この研究では，20種類の特性を評価する質問紙が用いられた。分析の結果，*DRD4*における1ヵ所の**非同義置換**[*]のSNP（G292A）と，好奇心（curiosity）および警戒心（vigilance）の得点との間に関連が見いだされた。このSNPにおいてA**対立遺伝子**[*]を持つ個体（遺伝子型が*A/A*または*A/G*である個体）は，そうでない個体（遺伝

用語解説

【遺伝子型】
その個体が持つ対立遺伝子の組み合わせ。ヒトやウマの場合，父由来と母由来の二つの対立遺伝子を持つので，その組み合わせが遺伝子型となる。

【非同義置換】
遺伝子の塩基配列の中にSNPがあることによって，作られるアミノ酸が変化することがある。アミノ酸が変化する場合を非同義置換，変化しない場合を同義置換とよぶ。

【対立遺伝子】
遺伝子に多型が存在するとき，同じ遺伝子に複数のタイプが存在することになり，それぞれのタイプを対立遺伝子とよぶ。SNPにおいて，たとえばGからAへの置換がある場合には，GとAという2種類の対立遺伝子があることになる。

子型がG/Gである個体）に比べて好奇心の得点が低く，警戒心の得点が高かった。

ドーパミン受容体以外にも，神経伝達に関わる遺伝子と行動特性の関連は報告されている。Horiら[3)]は，サラブレッド1歳馬167頭を対象に，育成牧場の職員が評定した扱いやすさと，セロトニン受容体1A遺伝子（*HTR1A*）との関連を検討した。セロトニンも神経伝達物質の一種で，1Aはセロトニン受容体のサブタイプの一つである。この研究では，競走馬を育成する牧場において，サラブレッド1歳馬の扱いやすさを，17項目の質問紙によって評定した。そのデータに対して主成分分析をおこない，扱いやすさに関わる五つの尺度を作成した。その五つの尺度の得点と，*HTR1A*のタンパク質コーディング領域にある2ヵ所のSNPとの関連を解析した。

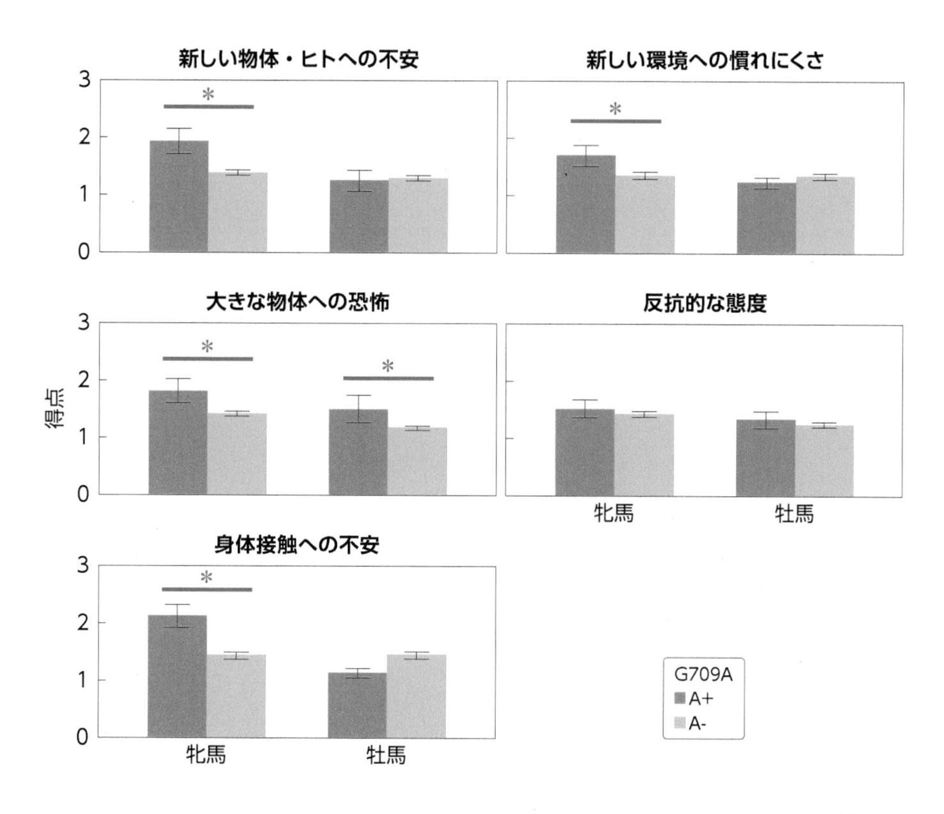

図3
***HTR1A*のG709Aと，扱いやすさとの関連**

棒は五つの尺度得点の平均値で，得点が高いほど扱いにくいことを表す。A+はA対立遺伝子を持つ個体，A-はA対立遺伝子を持たない個体を表す。＊は統計的有意性，エラーバーは標準誤差を表す。文献3）をもとに作成。

その結果，G709Aという非同義置換のSNPと，扱いやすさの得点の間に関連が見られた。このSNPにおいて，A対立遺伝子を持つ個体は，そうでない個体に比べて扱いにくさの得点がより高かった。また，この傾向は牡馬よりも牝馬でより強く見られた（図3）。

ここまでの研究は，サラブレッド馬を対象にしているが，日本在来馬を対象にした研究もおこなわれている。Horiら[4]は，日本在来馬を含む5品種（サラブレッド，クリオージョ，韓国在来馬，北海道和種馬，対州馬）を対象に，*DRD4*の配列を比較した。その結果，Momozawaら[2]で好奇心の低さ・警戒心の高さとの関連が報告されたG292Aにおいて，対立遺伝子頻度の品種差が見られた。サラブレッドではA対立遺伝子が多数派であったのに対し，日本在来馬（北海道和種馬および対州馬）ではG対立遺伝子の方が多数派で，A対立遺伝子の頻度はサラブレッドと比べて非常に低かった（図4）。このような対立遺伝子頻度の違いは，品種による行動特性の違いとも関連しているのかもしれない。

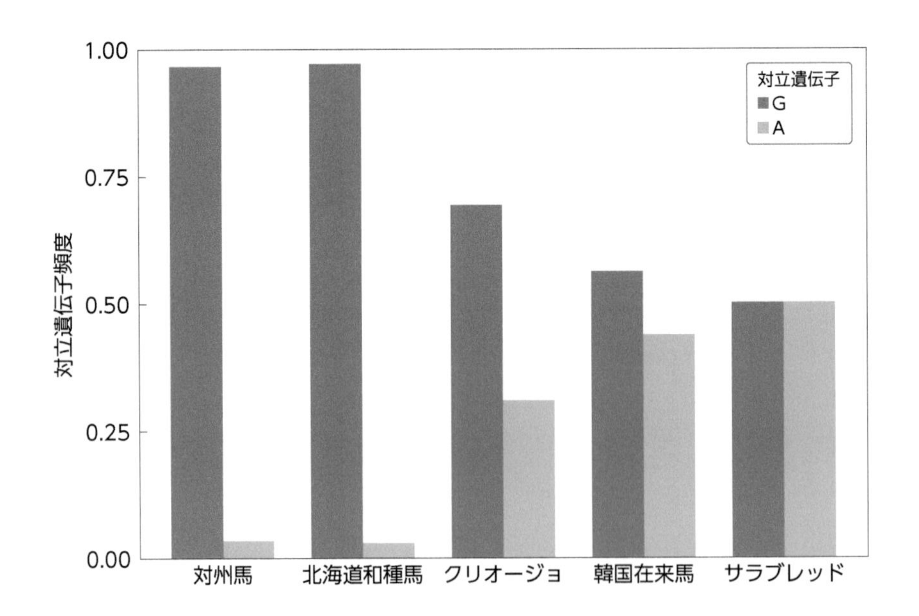

図4
5品種における，G292Aの対立遺伝子頻度
文献4）をもとに作成。

5 ゲノムワイド関連解析

ここまでに紹介した研究では，先行研究や仮説をもとに候補となる遺伝子を決め，その多型が及ぼす影響を検討している。このようなやり方は，候補遺伝子アプローチとよばれる。これに対して，ゲノム全体を網羅的に探索し，関心のある形質に影響を及ぼす領域を見つけ出そうとするのが，ゲノムワイド関連解析である。英語のgenome-wide association analysisの頭文字をとって，GWASともよばれる。

近年，解析技術やコンピュータの進歩によって，大量の塩基配列を従来に比べて速く，安価に解析することが可能になっている。それに伴い，GWASを用いた研究の数も増えている。

GWASにもいくつかの方法があるが，その一つに，SNPチップとよばれる，ゲノム上にある数十万ヵ所のSNPを網羅的に型判定できる装置を用いたものがある。ウマ用のSNPチップも販売されており，それを利用したGWAS研究もおこなわれている。これまでに，競走馬の距離適性（得意とするレース距離）に関わる遺伝子[5)6)]や，側対歩とよばれる，同じ側の前後の肢が同時に同方向に出る歩き方に関わる遺伝子が同定されている[7)]。

また，直接行動との関連を調べた研究ではないが，先述のセロトニン関連の遺伝子と，形質との関連が見いだされたGWAS研究もある。Farriesら[8)]は，SNPチップを利用して，サラブレッド競走馬の早熟性（precocity）に関連する遺伝子を探索した。この研究では，最初の短距離走訓練をおこなった年齢，初めてレースに出た年齢，レースで最も良い成績を納めたときの年齢を早熟性の指標として用いた。関連解析の結果，18番染色体および1番染色体上にあるいくつかのSNPと，早熟性との関連が見いだされた。このうち，1番染色体上のSNPは，セロトニン受容体7遺伝子（*HTR7*）のものだった。*HTR7*は，先述したHoriらの研究[3)]で扱いやすさとの関連が見つかった*HTR1A*とは異なるサブタイプのセロトニン受容体をコードする遺伝子である。受容体のサブタイプとしては異なるが，セロトニンが関連する行動特性が，早熟性にも影響を及ぼしている可能性も考えられる。

また，ある組織中の全転写産物（**RNA**）*を配列決定することで，その組織でどのような遺伝子が発現しているかなどを解析できる方法を，RNA-seqとよぶ。最近では，SNPチップのデータと，RNA-seqのデータを統合した研究も報告されている。二つを統合することにより，対象の形質との因果的な結びつきが強いSNP（行動の場合は，脳のはたらきとの関連が強いようなもの）が見つかることが期待される。

Holtbyら[9)]では，サラブレッド97頭を対象に，調教のストレスに曝されたときにそれに対してうまく対処できるか（コーピング）と，初めてヒトが騎乗したときの唾液中のコルチゾール濃度（ストレス反応の指標）に関わるSNPを探索した。この研究では，SNPチップのデータと，サラブレッドの2種類の脳部位（偏桃体および海馬）のRNA-seqのデータを統合することにより，コーピングと関連する遺伝子を探索した。その結果，先行研究でウシの気質との関連が報告されている遺伝子である*NDN*と，コーピングとの関連が見られた。

用語解説

【RNA】
リボ核酸。DNAの情報をもとに，RNAが作られ，RNAの情報をもとにタンパク質が作られる。DNAの情報をもとにRNAが作られる過程のことを，転写とよぶ。

6 今後の課題と展望

現在，解析技術は急速に進歩しており，行動に関連する遺伝子の情報も今後増えて蓄積されていくと考えられる。情報が急速に増えて蓄積されていく中で，それをどのように活用していくかが課題となる。GWASでは一般に，ゲノム上の多数の領域で関連が見つかることが多く，その中には偽陽性が含まれていることも考えられる。そのため，過去の研究の再現性を確認していくことも重要である。

また，候補遺伝子アプローチにしろGWASにしろ，見つけることができるのは多型と行動との相関のみであることに注意が必要である。多型と行動の因果的な結びつき，すなわち多型がどのような機序を経て行動に影響を及ぼすのかを解明することも必要である。

ゲノム解析の技術が進歩していく一方で，行動を測定・解析する技術を進歩させていくことも重要である。ある行動指標と遺伝子との関連が見つかったとしても，その行動指標が何を意味しているかが判然としなければ，実際の飼育管理などに応用するにも不十分である。ウマという動物種が持つ認知・行動の特性をより深く知るための心理学的・比較認知科学的研究も，さらに進展させていく必要がある。

[文献]

1) Inoue-Murayama, M. Genetic polymorphism as a background of animal behavior. *Animal Science Journal* **80**, 113–120 (2009).

2) Momozawa, Y., Takeuchi, Y., Kusunose, R., Kikusui, T. & Mori, Y. Association between equine temperament and polymorphisms in dopamine D4 receptor gene. *Mammalian Genome* **16**, 538–544 (2005).

3) Hori, Y. *et al.* Evidence for the effect of serotonin receptor 1A gene (HTR1A) polymorphism on tractability in Thoroughbred horses. *Anim Genet* **47** (2016).

4) Hori, Y. *et al.* Breed Differences in Dopamine Receptor D4 Gene (DRD4) in Horses. *J Equine Sci* **24**, 31–36 (2013).

5) Hill, E. W. *et al.* A Sequence Polymorphism in MSTN Predicts Sprinting Ability and Racing Stamina in Thoroughbred Horses. *PLoS One* **5**, e8645 (2010).

6) Tozaki, T. *et al.* A genome-wide association study for racing performances in Thoroughbreds clarifies a candidate region near the MSTN gene. *Anim Genet* **41**, 28–35 (2010).

7) Andersson, L. S. *et al.* Mutations in DMRT3 affect locomotion in horses and spinal circuit function in mice. *Nature* **488**, 642–646 (2012).

8) Farries, G. *et al.* Genetic contributions to precocity traits in racing Thoroughbreds. *Anim Genet* **49**, 193–204 (2018).

9) Holtby, A. R. *et al.* Integrative genomics analysis highlights functionally relevant genes for equine behaviour. *Anim Genet* **54**, 457–469 (2023).

4 # サラブレッドの競走能力と遺伝子
――より速いウマの生産へ向けて

印南 秀樹
Hideki Innan

総合研究大学院大学
統合進化科学研究センター
センター長・教授

1994年，京都大学農学部卒業。1996年，京都大学農学研究科修士課程修了。1999年，東京大学理学系研究科博士課程修了。米国ロチェスター大，南カリフォルニア大博士研究員を経て，2002年，テキサス大ヒューストン校Assistant Professor。2006年，総合研究大学院大学准教授。2018年から現職。専門分野は，理論集団遺伝学。Alfred Sloan Award (2006年)，文部科学大臣表彰若手科学者賞 (2008年)，日本学術振興会賞 (2014年)，日本学士院奨励賞 (2014年) を受賞。趣味が高じてサラブレッドの研究も手がける。

競馬はブラッドスポーツといわれるように，血統と競走能力は密接な関係にある。血統はゲノムの組成を支配するものである。本項では，ゲノムがどのように先天的な競走能力を決めるのか，その遺伝的メカニズムを解説する。競走能力に関与する遺伝子を同定できれば，遺伝子情報を用いたブリーディングが可能になるであろう。

1 ゲノムの遺伝と減数分裂

ゲノムとは，生殖細胞に含まれる染色体（遺伝子）全体と定義される。サラブレッドを含む*E. ferus caballus*は$2n = 64$，すなわち32対の染色体を持ち，その1セットは父方から精子を通して，もう1セットは母方から卵子を通して受け継ぐ。このプロセスに従うゲノムの遺伝は，血統表から一位的に決まるものではない。これが，遺伝子情報が血統表を超える理由である。

なぜ個体のゲノムは血統表から一位的に決まらないのか？　図1では，その背景にあるメカニズムである減数分裂を説明する。簡単のため，ゲノムが1本の染色体で構成されていると仮定する。2倍体の親個体はすべての

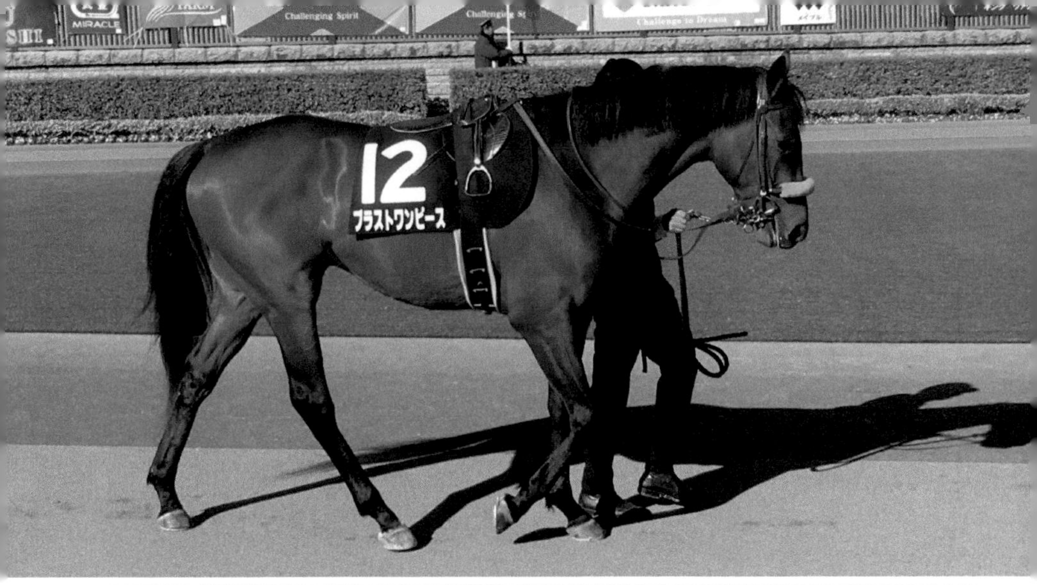

父・母	2代	3代	4代
ハービンジャー Harbinger 鹿 2006	ダンシリ Dansili 鹿 1996	デインヒル	Danzig
			Razyana
		Hasili	Kahyasi
			Kerali
	ペナン パール Penang Pearl 鹿 1996	Bering	Arctic Tern
			Beaune
牡 鹿毛 2015.4.2生		Guapa	Shareef Dancer
			Sauceboat
ツルマルワンピース 鹿 2008	キングカメハメハ 鹿 2001	Kingmambo	Mr.Prospector
			Miesque
		マンファス	ラストタイクーン
			Pilot Bird
	ツルマルグラマー 鹿 1999	フジキセキ	サンデーサイレンス
			ミルレーサー
		エラティス	El Gran Senor
			Summer Review

血統表の例
(ブラストワンピース)
(写真提供：筆者)

染色体を2本ずつ持っている。最終的に子に渡せる染色体は1本であり，その伝達を担うのが1倍体の生殖細胞（精子細胞，卵子細胞）である。2倍体細胞から生殖細胞を作る際，組換えを伴う減数分裂が起こる。これによって作られる染色体は，もとの2本の染色体のランダムな組み合わせとなる。その産物には無数の組み合わせが存在し，そのうちの一つが子供に伝わる。もし特定の遺伝子に注目した場合，親のどちらの遺伝子型が伝わるかは1/2となるのは自明である。サラブレッドの場合，両親

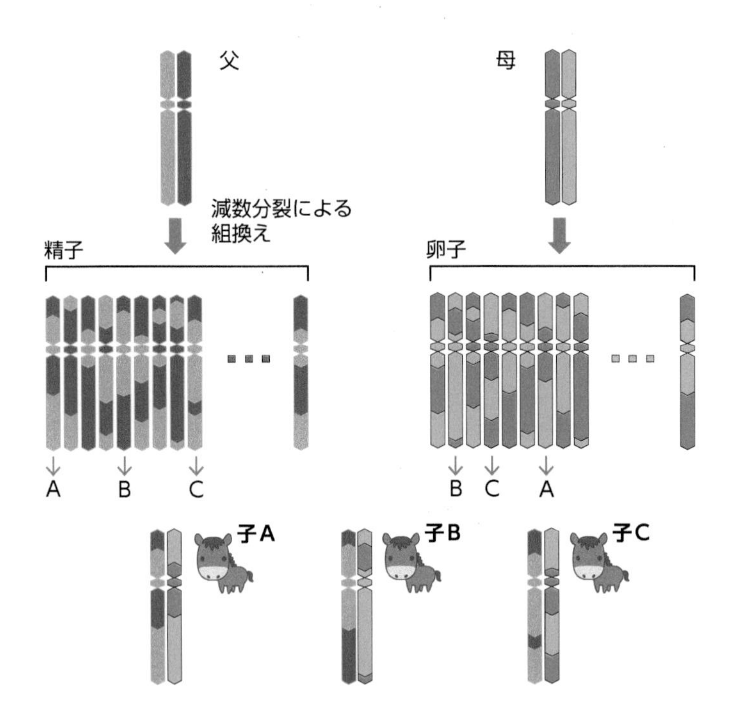

図1
減数分裂と染色体の遺伝

父，母を共有する3兄妹（A，B，C）の染色体組成。1本の染色体に注目している。父の2本の染色体をピンクとオレンジ，母の2本の染色体を青と緑で示している。それらの組換え体がランダムに子に伝わる。

を同じくする全兄妹はまるっきり同じ血統表を持つことになるが，図1のようにゲノムの組成は大きく異なるのである。したがって，血統表のどのルートをたどって，どの遺伝子が伝わってきたかを知ることは，血統表にない情報を得ることとなる。

2 一塩基多型（SNP）と量的形質

サラブレッドのゲノムは約30億DNA塩基で構成されている。DNAには4種類の塩基（A，T，C，G）があり，この塩基の並び順（塩基配列）が生命の設計図の役目を果たす。ゲノム塩基配列の生物学的意味を完全に理解することは非常に困難で，分子生物学の最終ゴールの一つといっていい。ゲノム塩基配列はサラブレッド全個体でほぼ同じなのであるが，ほんの一部では多型（多様性）が見られる（ある個体ではAであるのに対し，他の個体ではCであったりする）。このような塩基を**SNP（一塩基多型）***とよび，サラブレッドのゲノム中には最低でも数百万のSNPが存在する。SNPは減数分裂時の突然変異（DNA複製エラー）として確率的に出現する。ランダムに二つのサラブレッドゲノムを比べると，おおよそ2,000塩基に一つ程度異なっている。このSNPが，サラブレッドの個性（個体間の違い）を作り出す遺伝的背景となる。一方，育成，調教，環境等の外部的要因と，それらによって得られた獲得形質も個性を作る大きな要素であり，遺伝的（先天的），非遺伝的（後天的）要素の相対的貢献度については議論が分かれるところである。

ここで，SNPと競走能力との関係について考えよう。競走能力のような形質は遺伝学的に量的形質（連続形質）とよばれる。その対称となるのは質的形質（離散形質）で，ウマの毛色がこれに当てはまる。たとえば，栗毛を決めるSNPは第3染色体の36,979,560番目の塩基であり，MCR1という遺伝子内に位置する（EquCab3.0）[1)]。ここが**アレル***CだとMCR1タンパクを構成するアミノ酸の一つがセリン（Ser）になり，アレルTだとフェニルアラニン（Phe）になる。そして，T/Tホモ接合型は栗毛になり，C/CホモもしくはC/Tヘテロ接合型だと鹿毛等の毛色になる（詳しくはhttps://ja.wikipedia.org/wiki/馬の毛色）[2)]。もちろん，このSNPは単純なメンデルの法則に従い，T/Tホモ接合型の栗毛個体とC/Tヘテロ接合型の鹿毛個体を掛け合わせると，その子世代では栗毛と鹿毛が1：1で分離する。このような質的形質においては非遺伝的要素の関与度は低いことが多く，遺伝の法則は比較的理解しやすい。

一方，競走能力のような量的形質には多数の遺伝子（ポリジーン）が関与していおり，遺伝の法則ははるかに複

用語解説

【SNP（1塩基多型）とアレル】
多型性を示す塩基。ほとんどの場合で2種類の塩基が種内に共存する（稀に3種類以上）。たとえばA/C多型のSNPでは，塩基A，Cのそれぞれをアレルとよぶ。2倍体個体では，A/Aホモ接合型，A/Cヘテロ接合型，C/Cホモ接合型の3種類が存在する。

雑になる。関与度が大きい遺伝子を主導遺伝子，少ないものを微動遺伝子と分類することもある。図2を用いて，ゲノムレベルでSNPがどのように量的形質（競走能力）に関与するかを解説する。図1同様に簡単のため，ゲノムが染色体1本で構成されているとする。その上には無数のSNPが存在するが，基本的にそのほとんどは競走能力に関与しない。図2では，競走能力に関与するSNPが10個あると仮定している。それぞれのSNPの競走能力への貢献度は大きく異なり，20％能力を向上させる主導SNPから，1～2％しか関与しない微動SNPまで存在する。一般的には，主導SNPの数は微動SNPに比べてはるかに少ない。図2において，それぞれの個体の遺伝的（先天的）競走能力は簡単に計算できる。たとえば，SNP1はA/C多型であり，アレルCはアレルAに対して1％競走能力を増加させる微動SNPであるとしよう。そうすると，このSNPの効果が遺伝的に相加的（additive）だとすると，A/Aに対してA/Cは＋1％，C/Cは＋2％となる。一方，SNP2はG/T多型であり，その効果はSNP1よりはるかに大きい主導SNPである。G/Gに対してG/Tは競走能力を＋20％増加を示す。図2の例では，このような主導SNPはSNP2だけであり，その他は微動SNPである。例外はSNP5で，これは競走能力に関与するSNPというより，疾患に関与するSNPである。C/G多型のこのSNPでは，GがCに対して**潜性***である，すなわち，C/Cホモ接合型とC/Gヘテロ接合型では競走能力に影響がないものの，G/Gホモ接合型では競走能力が著しく損なわれ（−50％），競走馬登録すら厳しくなる可能性がある。

個体の先天的な競走能力は，それぞれのSNPの効果の総和と考えて概ね差し支えない。すなわち，個体Aは＋4％，個体Bは＋20％，個体Cは−1％，個体Dは−1％，個体Eは−47％と計算できる。このように，複数遺伝子

用語解説

【潜性，顕性】
例としてA/C 多型のSNPを考える。三つの接合型（A/A，A/C，C/C）の表現型が，1，1＋s/2，1＋sという形で表現できる場合，相加的であるという。図1のSNP1はs＝2%とおけば，これが当てはまる。一方，A/A，A/C，C/Cの表現型が1，1，1＋sという形で表現される場合，CはAに対して潜性である，もしくは，AはCに対して顕性であるという。図1のC/G多型のSNP5では，GはCに対して潜性で，s＝−50%とおけば，C/C，C/G，G/Gの表現型が1，1，1＋sという形で表現される。

	A		B		C		D		E	
SNP1	A A	0	A A	0	A C	+1	C C	+2	A A	0
SNP2	G G	0	T G	+20	G G	0	G G	0	G G	0
SNP3	C C	+2	C T	+1	C T	+1	T T	0	C T	+1
SNP4	G G	0	G G	0	G G	0	A G	−2	G G	0
SNP5	C C	0	C C	0	C G	0	C C	0	G G	−50
SNP6	A T	+1	A A	0	A A	0	A A	0	T A	+1
SNP7	T T	0	T A	−1	A A	−2	T A	−1	T A	−1
SNP8	C C	0	C C	0	C G	−1	C G	−1	C C	0
SNP9	A C	+1	A A	0	A C	+1	A C	+1	C C	+2
SNP10	T T	0	T T	0	T G	−1	T T	0	T T	0
	+5		+20		−1		−1		−47	

図2
潜在的競走能力とSNPの関係

簡単のためゲノムが1染色体で構成されており，その上に競走能力に関与するSNPが10個あると仮定する。それらの相加効果で，個体の潜在的競走能力は決まる。

（ポリジーン）によって支配される遺伝システムを多因子性遺伝という。多因子性遺伝に従う量的形質には，一般的に非遺伝的な後天的要素も大きく関与してくる。サラブレッドの場合，育成，調教等の環境がそれにあたり，先天的＋後天的要素によって最終的な競走能力が決まってくる。

現在，競走能力にはっきり関与していることが知られているSNPは非常に少ない。例外的に強い効果のあるのが，第18染色体の66,608,679番目の塩基である（EquCab3.0）[1]。このC/T多型のSNPはミオスタチン（MSTN）という遺伝子内に位置し，MSTN遺伝子の発現量を増減させることが知られている[3)4)]。競走能力としては，C/Cホモ接合型は短距離で，T/Tホモ接合型は長距離で高い競走能力を示し，ヘテロ接合型のC/T個体は中距離に適性がある。

3 遺伝的疾患とSNP

図2のSNP5は，遺伝的疾患の原因となるSNPといえる。このような危険な疾患原因SNPもゲノム中には数多く存在していると考えられる。その割には，遺伝的疾患の頻度がものすごく高いわけではない。この理由は，ほとんどの疾患原因アレルは遺伝的に潜性，すなわち，ホモ接合になった時のみに効果が現れるからである。図2のSNP5も同様で，疾患型アレルGのホモ接合型（個体E）でのみ競走能力が著しく損なわれる。

なぜ疾患型アレルの多くは潜性なのか？　これは淘汰の力による。上に述べたように，疾患型アレルは突然変異によってランダムに生じる。その効果もランダムであり，潜性のものも**顕性***のものも出現しているはずである。ただ顕性アレルは，それが出現したと同時に表現型に悪影響を及ぼし，すぐに淘汰されてしまう。一方，潜性アレルはすぐには淘汰されない（ヘテロ接合型では効果がないから）。いったん潜伏し，種内の頻度がある程度増加し，ホモ接合型ができて初めて淘汰の対象となる。これが，ゲノム中に多くの潜性の疾患原因SNPが蓄積してしまう理由である。これらの疾患原因SNPの蓄積は，種にとって危機的要因になりうるのであるが，実は多くの野生生物種ではそれほど大きい問題とはならない。たとえば，潜性アレルが種内に1％の頻度で存在するとき，ランダムな交配のもとで疾患が現れる確率はたった1/10,000である。

ランダムとはほど遠い交配を続けているサラブレッド集団においては，十分な注意が必要となるかもしれない。たとえば，ある種牡馬が潜性疾患型アレルをヘテロ接合型として保有していたとする。そうすると，その3x4のクロスを持つ個体では $(1/2)^7 = 0.8\%$ の確率でホモ接合型になる。

4 SNPとゲノム進化

SNPでは基本的に2種類のDNA塩基（アレル）が種内に共存している。そのうちの一方が祖先型で，そこから突然変異で生まれた方が変異型とよばれる。変異型アレルの集団中の頻度（p）は，最初はp＝1/2N（Nはサラブレッドの個体数）である。偶然を含むさまざまな要因によってpは増減し，最終的にはpは0もしくは1になる。これを集団遺伝学的には，変異型アレルが「消失する」，「固定する」という。一度消失，もしくは固定してしまうと，この塩基はSNPではなくなる。すなわち，SNPとは進化的には塩基が置き換わろうとする過渡期に一時的に見られるものである。もしこの変異型アレルが競走能力を上昇させるものであった場合，その過渡期においては競走能力の個体差を生む大きな要因になりうる。しかし，この変異型アレルが固定してしまえば，全個体が等しくこの変異型アレルを持つので，個体差としては現れない。サラブレッド集団が全体として，その祖先種と比べて競走能力をアップしたと考えることができる。サラブレッドの進化を通して，数多くの競走能力を向上する有利なアレルが固定してきた。その積み重ねが，サラブレッドがサラブレッドたる所以である。そして，今も固定の途中にあるSNPアレルが多くある。それらが，現在のサラブレッドの個体間の潜在的競走能力の違いを生み出している。

図3では，この固定が起こるプロセスと，それに伴うゲノムの変化を説明する。図3Aは，有利な変異型アレルが今まさに出現した状態である。変異型アレル保有個体は便宜上，頭部に流星を持たせている。図3A右は無作為に選んだサラブレッドの10ゲノムを並べたものである。有利な変異型アレルは赤丸で示している。その周辺ゲノム領域では，中立なSNPが散在している（黒丸は

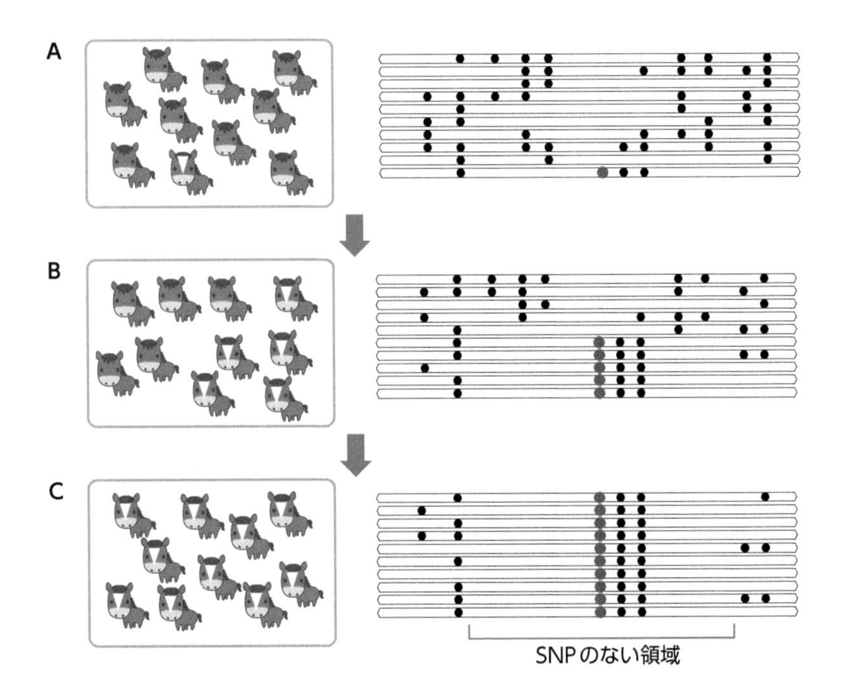

図3
進化的に有利なアレルが集団に固定するプロセス

(A) 突然変異によって集団中の1個体で有利なアレルが出現した状態。有利なアレルを持つ個体は頭部に流星を持つとすし（左パネル），ゲノム上では赤丸で示す（右パネル）。(B) 人為的な選抜によって，有利なアレルが急速に集団中に広がった状態。最終的に集団中に固定する (C)。

それぞれのSNPにおける変異型アレルを示す)。図3Bは，この有利な変異型アレルの頻度が，人為選択によって50％程度まで急速に上昇した状態にある。最終的に，このアレルは集団中に固定する（図3C)。このプロセスで興味深いのは，このような有利なアレルが固定する際に，周辺領域において非常に特徴的なSNPパターンの痕跡を残すことである[5]。赤丸で示された有利なアレルが増える時に，そのアレル単独ではなく，周りの連鎖したSNPのアレルも引き連れて増えていく（ヒッチハイキング効果)。そして固定した時，ほとんどSNPが存在しない領域が出現する。現在のサラブレッドのゲノムを見渡すと，このような痕跡はいたるところに見られる[6]。たとえば，第1番染色体の45,000,000～47,000,000番目の塩基の領域（EquCab3.0)[1]ではSNPの頻度（塩基多様度）がサラブレッドのみで著しく減少している（図4

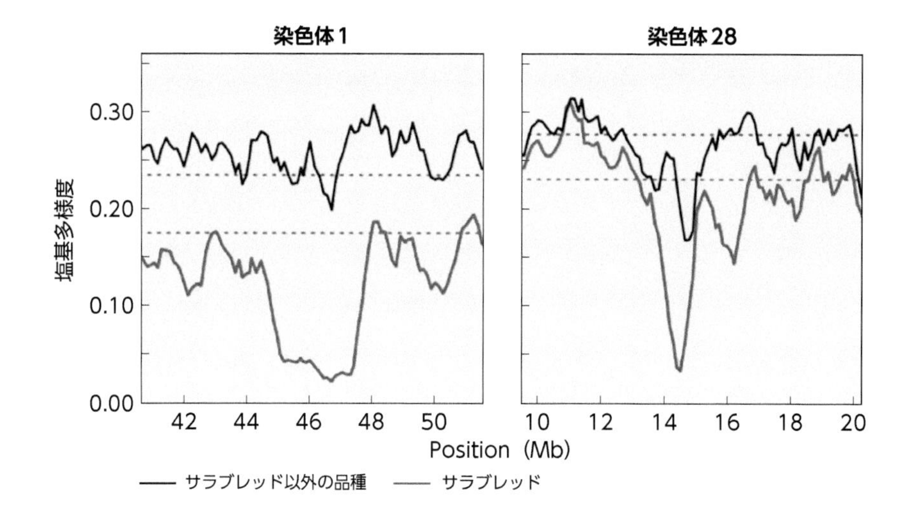

図4
サラブレッドゲノムにおける有利なアレルが固定した痕跡

有利なアレルがサラブレッドに固定した際にできた，ゲノム中の痕跡2例。塩基多様度（SNPの頻度）が，他の品種と比較してサラブレッドで極度に低下している。

左）。第28番染色体でも似たようなパターンが観察される（図4右）。残念ながらこれらの領域には複数の遺伝子が存在し，その中のどの遺伝子が実際にサラブレッドで選抜されたのかは解らない。しかし，これらは，より速く走る競走馬を作ろうと約300年（30世代）にわたって世界中のブリーダーが努力した結果が凝集されたゲノム領域と考えて良いだろう。

5 表現型に関与するSNPの探索

ゲノム中には無数のSNPが存在し，そのうちの一部は表現型（競走能力や遺伝疾患）に影響する仕組みを説明してきた。最後に，この仕組みをサラブレッド育種，すなわち強いウマ作りにどう活かすかを考える。まずは，表現型に関与するSNPを見つけなければならない。そのために用いる手法はゲノムワイド関連解析（Genome Wide Association Study）というものである。多数個体のゲノム中のあらゆるSNPをタイピング（アレルを解読）したデータが必要になる。そして，もし競走能力を向上させるSNPを見つけたかったら，たとえば，重賞ウィナーと未勝利馬の二つのコホート（グループ）を比較して，統計的有意にアレル頻度が異なるSNPを探すことになる。この方法を使うと，数百頭の全ゲノムSNPデータがあれば，競走能力に強く関与しているSNPをいくつかは見つけることができるだろう。サンプル数を増やすことによって，より小さな効果を持つSNPも同定できるようになる。

一方で，疾患原因SNPを探すことは，よほど好条件が揃わない限りかなり困難である。理想的なケースは，単一遺伝子支配で疾患型アレルが顕性，**浸透率***が高く，多くの疾患個体サンプルが集まることである。しかし，なかなかそうはいかない。疾患型アレルは一般的に潜性で，浸透率もそれほど高くないことが多い。さらには，複数の遺伝子が関与している場合が多く，その場合，疾患原因SNP探索は困難を極める。基本的に遺伝的疾患が起こるのは，遺伝子が突然変異によって機能を失った時である。たとえば，10個の遺伝子があって，そのどれが壊れても同じ疾患（表現型）になるとする。このようなケースで，10個の疾患原因遺伝子すべてを同定するには，非現実的なくらいに多くのサンプル数が必要となるであろう。

6 サラブレッド育種（配合）におけるSNP情報活用の未来

競走能力に関与するSNPが多数同定されれば，それを配合決定に反映させるのは難しくないであろう。即効性があるのは，特に大きな効果を持つ主導SNPを持つもの同士での掛け合わせだろう。この際，もちろんイン

用語解説

【浸透率】
遺伝子型が表現型に現れる率。たとえば潜性疾患型アレルGが浸透率0.4の時，G/Gホモ接合型は40％で疾患を発症する。

ブリードに細心の注意を払う必要がある。しかしながら，そのインブリードの悪影響も，関与するSNPを特定できていれば緩和することは可能である。たとえばC/G多型の疾患原因SNPでGが潜性疾患型アレルの場合，C/Gヘテロ接合型繁殖牝馬に対して，C/Gヘテロ接合型種牡馬の種付けは避ける方が好ましい（1/4で疾患型ホモになる）。同等の魅力がありC/Cホモ接合型種牡馬がいればなおさらである。このように，遺伝子情報は血統表からでは読み取れない有用な情報を提供することは明らかである。遺伝子情報を活用したブリーディングを近い将来に実現化するには，より多くのサラブレッドのSNPタイピングをおこない，データを蓄積していく必要がある。このようなプロジェクトは欧米でも始まっており，日本でも筆者の研究室を中心に進行中である。現時点で，競走能力に非常に強烈なインパクトを持つ主導SNPを見つけることができている（非公表）。今後もサンプル数の増加とともに競走能力に関与するSNPの同定を急ぎ，欧米に負けない強い馬づくりに貢献できることを期待している。

［文献］

1) 最新のウマゲノムアセンブリ（2020年2月現在）〈https://www.ncbi.nlm.nih.gov/assembly/GCF_002863925.1/〉

2) 〈https://ja.wikipedia.org/wiki/馬の毛色〉

3) Hill, E. W., McGivney, B. A., Gu, J., Whiston, R. & Machugh, D. E. A genome-wide SNP-association study confirms a sequence variant (g.66493737C>T) in the equine myostatin (MSTN) gene as the most powerful predictor of optimum racing distance for Thoroughbred racehorses. *BMC Genomics* **11**, 552 (2010).

4) Tozaki, T., Miyake, T., Kakoi, H., Gawahara, H., Sugita, S., Hasegawa, T., Ishida, N., Hirota, K. & Nakano, Y. A genome-wide association study for racing performances in Thoroughbreds clarifies a candidate region near the MSTN gene. *Anim Genet 41 Suppl* **2**, 28–35 (2010).

5) Innan, H. & Kim, Y. Pattern of polymorphism after strong artificial selection in a domestication event. *Proc Natl Acad Sci USA* **101**, 10667–10672 (2004).

6) Fawcett, J. A., Sato, F., Sakamoto, T., Iwasaki, W. M., Tozaki, T. & Innan, H. Genome-wide SNP analysis of Japanese Thoroughbred racehorses. *PLoS ONE* **14**, e0218407 (2019).

5 # サラブレッドの育成と調教
——騎乗を許容させて競走馬としてデビューするまで

頃末 憲治
Kenji Korosue

日本中央競馬会　日高育成牧場
副場長

1995年，帯広畜産大学畜産学部獣医学科卒業。1995年，日本中央競馬会入会。2013年，岐阜大学大学院連合獣医学研究科博士号取得。JRA栗東および美浦トレーニングセンター競走馬診療所，日高育成牧場，宮崎育成牧場，馬事部勤務を経て，2022年より現職。

サラブレッドは競走馬としての活躍を期待されてこの世に生を受けるが，本来，臆病であり人を乗せて走るまでにはさまざまなステップを経なければならない。本項では，競走馬になるまでの育成調教過程について解説するとともに，スラップスケート靴や陸上長距離界でのフォアフット走行による走行速度を向上させる理論とサラブレッドの速さの秘密の関係について紹介する。

1 調教のステージ

競走馬の調教は，騎乗するまでの「初期調教期」，基礎体力を養成する「基礎トレーニング期」，競馬に求められる走行速度や走法などの走力の要素を向上させる「競走トレーニング期」の3期に分けられる。

(1) 初期調教期

初期調教期は馬に騎乗を許容させることを目的に実施する。馬は移動時にバランスが崩れると不安に陥る。これは乗馬初心者が騎乗すると暴走したりすることからも

図1
馬の自然な回転と内方姿勢での回転

明らかである。騎乗を許容させるには，騎乗者は馬上でバランスを崩さずに馬の動きに同調，つまり自身の重心を馬の重心と一致させなければならない。直線移動時には騎乗者は比較的容易に重心を一致させることができるが，回転時に重心を一致させることは困難である。その理由は，人は自転車で回転する時のように進行方向に腰

図2
遠心力を利用したランジング

を回転するが，馬は頭頸を外側上方に向けて馬体を内側に倒して回転するため，騎乗者は自転車での回転時のように本能的にバランスを維持する姿勢とは反対の姿勢を維持しなければ，馬の重心に一致させることは困難となるからである（図1）。

回転時に人馬の重心を一致させるためには，騎乗者が自転車を操作する時のような姿勢での回転が可能となるように，馬に**内方姿勢***とよばれる体勢を取らせて回転させることを教えなければならない（図1）。そのためには，生まれてからの人との信頼関係，さらには以下に述べるランジング（lunging）やドライビング（driving）調教が非常に重要となる。

① 遠心運動を利用したランジング調教

ランジングとは，円形馬場で内側の**ハミ***に連結する

用語解説

【内方姿勢】
馬術用語で馬を左右斜め方向に運動させるために要求する姿勢のこと。結果的に馬術で重要な馬の真直性を生み出す。

【ハミ】
馬の口の歯槽間縁とよばれる歯の生えていない部分に挿入する棒状の金具で，手綱と連結され，騎手の手綱操作によって馬を操作する道具のこと。

図3
ドライビングによる左右の内方姿勢

1本の長い手綱を保持した御者を中心に実施する円運動である（図2）。円運動では遠心力が生じるため，馬はバランスを維持しようとして，手綱が連結する内側のハミを支点として頭頸を少し内側に向けて馬体を湾曲させる。この体勢が内方姿勢であり，騎乗者は回転時に人馬の重心を一致させやすくなる。円運動をおこなう最大の利点は，馬に内方姿勢でのバランス維持を身に付けさせることが可能となる点である。

② ドライビング調教

ドライビングとは，ハミに連結する2本の長い手綱を馬の後方で馬車のように操作して，回転や停止などの合図を教える調教方法である（図3）。前述のランジングで教えた内方姿勢での左右両側の回転のみならず，前進や停止などの騎乗時と同様の合図を騎乗することなく身に付けさせることを目的にドライビングを実施する。

内方姿勢は回転時に人馬の重心を一致させるために有効であることを述べてきたが，馬が内方姿勢を習得すると，後肢の踏込が増加するとともに真直性が増加する効果もある。つまり，内方姿勢は後躯からの推進力をロスなく前方に伝えて，効率の良い走行を可能にする。

③ 騎乗馴致

最終目的である騎乗は，馬を人の荷重に慣れさせ，受け入れさせることで達成される（図4）。騎乗に抵抗がなくなれば，ドライビングと同様の合図での操作も多くの場合で容易となる。

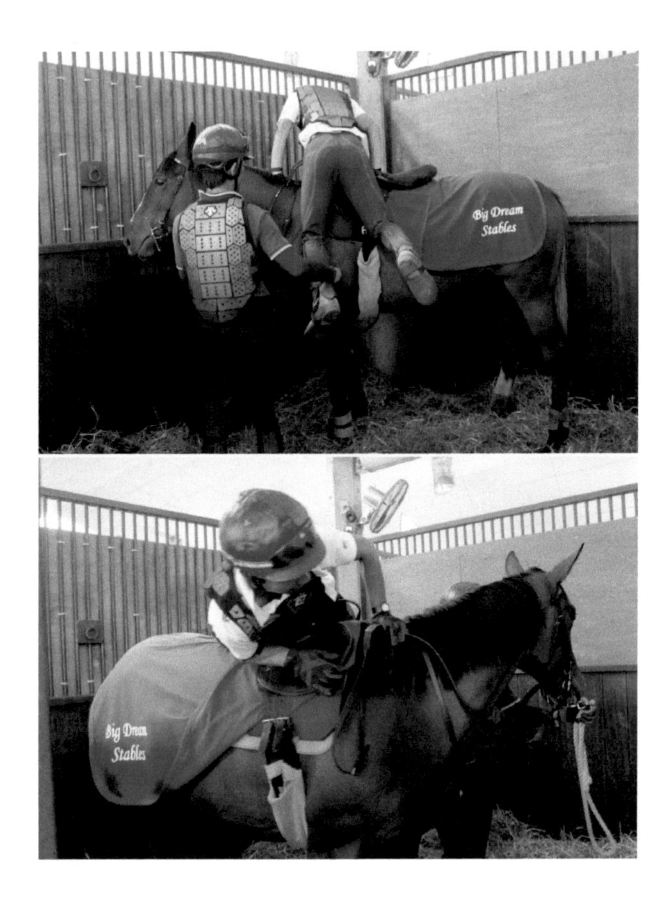

図4
騎乗馴致は騎手の荷重に慣らすことが重要

図5
馬の重心と鐙の位置の関係

⑵ 基礎トレーニング期

基礎トレーニング期は，騎乗による基礎体力の養成を目的に，**駈歩**＊調教に多くの時間を費やす。しかし，初期調教を終えたばかりの馬は，未だ騎乗者の荷重に慣れておらず，バランスの維持が困難な状態にある。このため，騎乗した状態で，放牧地における馬自身によるバランスを維持した体勢（セルフキャリッジ：self-carriage）を教える必要がある。

騎乗した状態で，セルフキャリッジを身に付けさせるためには，人馬の重心の一致を図るため，騎乗者には馬の重心に近い鐙上にバランスを置く技術が求められる（図5）。セルフキャリッジは馬の重心の移動や頭頸の動

用語解説

【駈歩】
速歩とは異なり，左右の肢が非対称に動き，一側の後肢と前肢が同時に着地する歩法のこと。どちらの肢が前に出るかによって左右の駈歩に区分される。

用語解説

【速歩】
対角に位置する前後肢がほぼ対称に動き，2拍子となることから，重心の移動および頭頚の動きが少ない歩法のこと。

きが少ない**速歩***で身に付けやすいことから，速歩調教を重ねた後に駈歩調教に移行する。セルフキャリッジを維持しながら，最終的には600 m/minのスピードで2,000 mの走行が可能となるように調教強度を徐々に上げていく。

⑶ 競走トレーニング期

競走トレーニング期は，競馬に求められる走行速度や走法などの走力の要素を向上させることが目的である。これを達成するための方法はさまざまであり，調教に関する方法論について記述することは困難である。一方，馬の走行速度は「ピッチ」×「ストライド」で決定され，ピッチとストライドの両方とも走行速度と相関関係にあるため，ここでは走力の重要な要素となるピッチとストライドついて筆者の考えを述べる。

① ピッチについて

ピッチとは単位時間当たりの歩数のことである。ピッチは筋肉を動かし続けるスタミナを身に付けることで向上し，これによりレース後半の疲労によるスピード低下を防止する。筋肉を動かし続けるためのエネルギー源となるATPは，グリコーゲンがピルビン酸に分解される解糖系，および解糖系で産生されたピルビン酸を利用する有酸素系において産生される（図6）。このように，ピッ

図6
解糖系と有酸素系によるATP産生

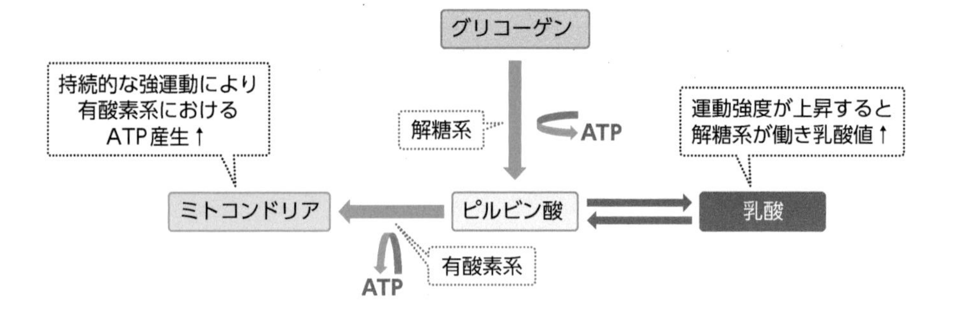

チの向上にはATP産生能が大きく関わっている。

a. 速筋線維の解糖能および乳酸の利用

筋線維には速筋線維と遅筋線維があり，速筋線維は解糖能に優れている。このため，解糖能を高めるには速筋線維を鍛えることが有効であり，人では呼吸が上がって苦しくなる程度の運動が必要とされる。解糖能の上昇により乳酸産生量が高まると，乳酸がピルビン酸に変換され，ミトコンドリア内での有酸素系のATP産生も高まる。つまり，解糖能が上昇すると解糖系と有酸素系の両方によるATP産生能が高まる。これは競走馬も同様であり，競走トレーニング期の馬には，血中乳酸濃度が10 mmol/Lを超える運動負荷によって効果が得られると考えている。

b. 解糖能の上昇とアドレナリン分泌

運動強度が上昇すると，解糖系によるエネルギー産生が必要となるため，交感神経優位の状態になり，アドレナリン分泌によって心拍数および血液循環量が増加する。アドレナリンは馬では恐怖や不安などのストレス状態下において，その状況から逃れるために身体や脳の機能を高める物質である。一方，過剰なアドレナリン分泌は，エネルギーの大量消費を誘発するため，体力を消耗しやすくなるのみならず，攻撃性や慢性的な疲労等を誘発する負の部分も有している。

馬は名誉心など持たず，自ら苦しい調教を耐えようとしないため，競走馬の調教では交感神経と副交感神経のバランスを常に維持するように注意し，オーバーワークは避けなければならない（図7）。このことが人のアスリートとは比較できないくらい競走馬の調教の運動量が少ない理由と考えられている。

c. ミトコンドリアDNAの母系遺伝

ミトコンドリアDNAは受精の過程で母馬のそれのみが子に受け継がれると考えられている。つまり，有酸素

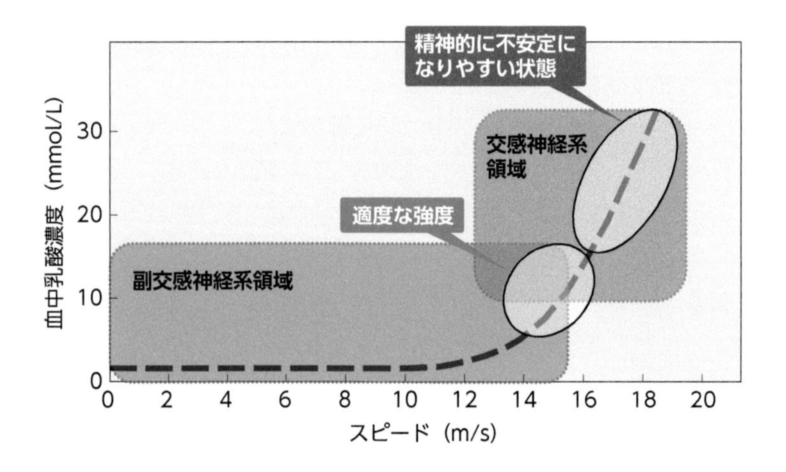

図7
交感神経と副交感神経のバランスが重要

能力に大きく影響を及ぼすミトコンドリアの質は母馬に左右されるため，ミトコンドリア内のATP産生能に与える調教効果も先天的にある程度決まっているといえる。これは，サラブレッドの血統を論ずる上では，母系が重視される理由の一つと考えられている。

② ストライドについて

ストライドとは歩幅のことである。競馬では**ギャロップ***という歩法で疾走する。ギャロップは4節で同時に接地するのは2肢までという特徴があるため，最もストライドが大きく最速の歩法となる。ストライドについては，ストライド走法で知られている名馬ディープインパクトの走法を参考に説明する。

a. 後肢と前肢が作り出すミッドステップ幅

ディープインパクトの走行フォームを分析した結果，後肢と前肢が作り出すミッドステップ幅が大きいことが分かった（図8）[1]。また，一般に走行速度が上がる時には，ミッドステップ幅の上昇率が最も高くなることが知られており，ストライドの向上にはミッドステップ幅の伸展が重要といえる。

用語解説

【ギャロップ】
4節で同時に着地するのは2肢までという特徴があるため，馬の歩法の中で最もストライドが大きく最速の歩法のこと。襲歩ともよばれる。

図8
ディープインパクト（薄灰）**のミッドステップ幅の特徴**

b. ミッドステップ幅と後肢

馬の飛節の角度は150〜165度と個体差がある。ディープインパクトは飛節の角度が大きく直線的である直飛の特徴を持つ。直飛に対し，角度が小さい飛節を曲飛とよぶ。直飛は曲飛よりも関節が伸びて離地が遅くなるため，ミッドステップ幅が伸びる。一方，曲飛は直飛よりも離地が早いため，ミッドステップ幅は小さくなる半面，屈腱に蓄積された弾性エネルギーが大きく，離地後に後肢が前に振り出される時間が短縮されるため，ピッチは速くなる。

これらの直飛と曲飛の相違は，踵部が離れるスラップスケート靴と従来のスケート靴との相違にたとえると理解しやすい。従来のスケート靴では蹴力が足先に集中している状態においても，スラップスケート靴ではブレードの中央付近が氷面と接しているため，脚を戻す瞬間まで推進が継続され，従来のスケート靴よりもストライドが大きくなる（図9）。一方，スラップスケート靴はストライドが大きくなる半面，従来のスケート靴よりもピッチは遅くなることが知られている。このことは，直飛はストライドが大きく，曲飛はピッチが速くなることと一

図9
スラップスケート靴はストライドを伸展させる

致する。

c. ミッドステップ幅と前肢

ディープインパクトは前肢の着地角度が大きく，前肢の着地を遅延させることによってもミッドステップ幅を伸ばしている（図8）。ストライドを大きくするためには，前肢をどれだけ重心から離れた前方に着地させるかということをイメージしがちだが，これは走速度が遅い場合

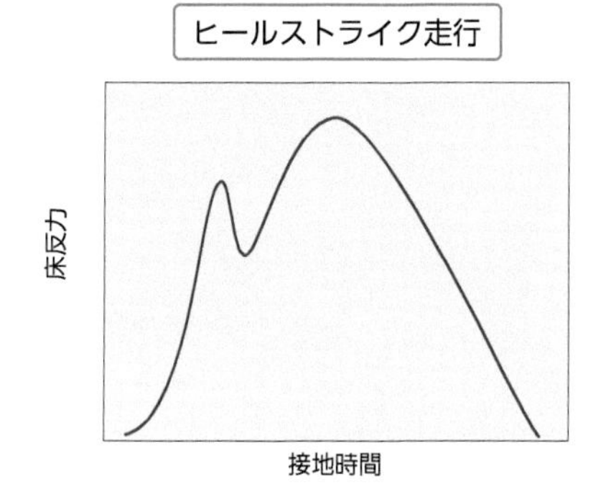

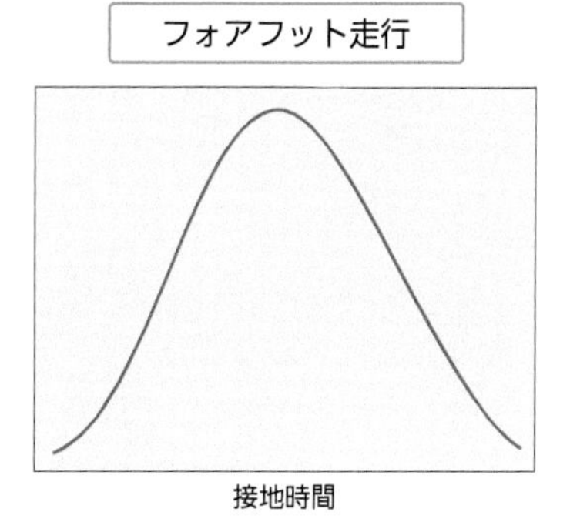

図10
駆足時に人の肢にかかる垂直方向の力

のみ効果がある。特に前肢の着地時には制動力が大きく働くため，前肢を大きく伸展させて着地角度を小さくするよりも，着地を可能な限り遅らせて制動力を最小限に抑制する方が，結果としてストライドが伸展する。

このことは，陸上長距離界で近年流行しているフォアフット走法に例えると理解しやすい。フォアフット走法はつま先で着地する走法であり，対照的に踵で着地する走法はヒールストライク走法と呼ばれる。ヒールストライク走法は重心から離れた位置で着地し，着地時の力が大きいため，大きな制動力が働く。一方，フォアフット走法は重心近くに着地し，着地時の力は小さく，接地時間の中間にピークを迎え，その力を床反力として効率良く推進力に変換することが可能となる（図10）。

ディープインパクトの走法は，フォアフット走法に類似しており，次項で述べるスイング速度と関連する踏着時の大きな制動力を最小限に抑制するテクニックと考えられている。これはディープインパクトの天性の柔軟性によって成し遂げられていると推測される。

d. スイング速度

ストライドの伸展はミッドステップ幅の伸展に影響を受けることを述べたが，それと同等以上に重要な要素は，陸上でもストライドと強い相関関係を持つ着地直前のス

図11
踏込よりスイング速度が重要

イング速度である（図11)。つまり，後肢を前方に大きく振り上げて，着地に向けて肢を引き戻してスイング速度が上がることによって，着地の瞬間に働く地面からの制動力が抑制されるとともに推進力が維持され，結果としてストライドが伸展する。

競馬では，スタート時は停止した状態であるため，馬を基準とした振り下ろした後肢の絶対速度は，必ずプラスになるため加速していく。一方，トップスピードに到達すれば，馬を基準とした振り下ろした後肢の絶対速度はマイナスになるため，常に減速，つまり制動力が働くことになる。特に床反力が大きい芝コースでは，推進力を強化するよりもこの制動力を最小限に抑制することが，減速せずにストライドを大きくする方法となる。この制動力の抑制は，近年，陸上長距離界でも注目されている「ランニングエコノミー」という考え方であり，フォアフット走法はランニングエコノミーを向上させる走法と考えられている。競走馬においても，「筋持久力」，「心肺機能」とともに走能力の3要素と捉えられるべきであ

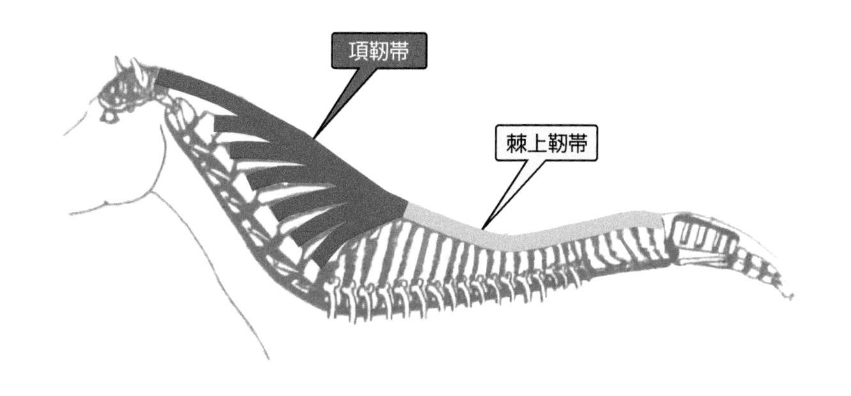

る。このランニングエコノミーの向上には，騎乗法も重要な役割を果たしており，これについては次項で述べる。

図12
項靭帯は棘上靭帯に移行して前後を連結する

2 育成調教における騎乗者の役割

競馬では馬7：騎手3という言葉があるが，これは競馬の勝敗に影響する馬の能力と騎手の技量の比率を意味しており，競馬での騎手の技量の影響力は，馬の能力ほど大きくないと考えられている。しかし，育成調教においては，騎乗方法によって，柔軟性やランニングエコノミーを向上させることが可能となることもあるため，その概念について説明する。

⑴ 項靭帯の伸展を利用した騎乗

項靭帯とは頭蓋骨の後面からキ甲まで走行する靭帯であり，キ甲から仙骨に走る棘上靭帯と連続している（図12）。そのため，項靭帯が伸展すると前躯と後躯が連結して，全身を使用したランニングエコノミーの向上が可能となる。

⑵ ハミを利用した項靭帯の伸展

項靭帯を伸展させるためには，頭頚の位置を一定に維

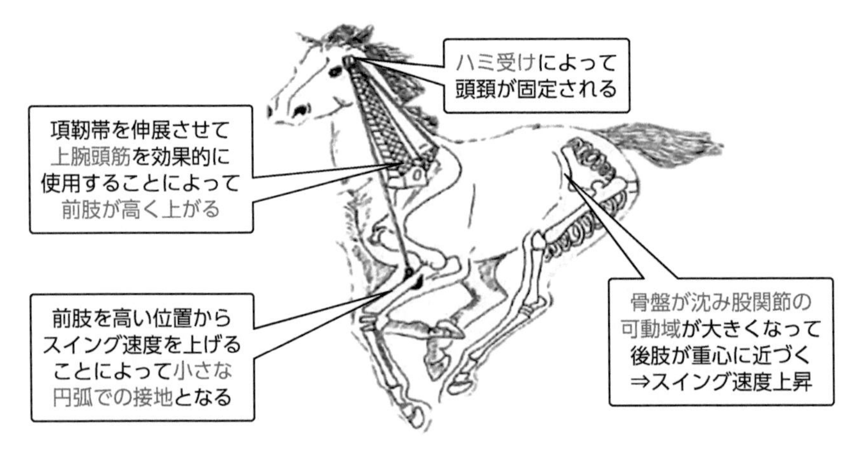

図13
項靭帯の伸展による効率的な走行フォーム

持するハミ受けという技術が不可欠である。ハミ受けによって頭頸が固定されて項靭帯が伸展し，後躯から発生したエネルギーが項を頂点とした項靭帯に蓄積される。その蓄積されたエネルギーの一部は前肢を高く上げることに利用され，結果として踏着前のスイング速度が高められる。これにより，前肢の着地が遅延するとともに地面との接地時間の短縮が可能になり，着地による制動力が最小限に抑制される。また，項から棘上靭帯を通して腰部と連結している項靭帯に蓄積されたエネルギーは，しなった釣竿のように骨盤の沈下を生み出す。これによって後肢が大きく前方に振り上がり，後肢のスイング速度も上昇するため，ストライドが大きくなり，走行速度も上昇する（図13）。

3 おわりに

競馬はサラブレッド種の育種，つまり「速く走る」という遺伝子を持つ個体を選抜する目的でおこなわれてい

るため，捕食者から逃れるという本能を発揮させなければならない。一方，馬は名誉心など持たず，自ら苦しい状況を選択しようとはしない（図14）ため，意図した調教は困難である場合が多い。調教時には馬との意思疎通を図るために副交感神経を優位に，競走時には速く走らせるために交感神経を優位にというように相反する精神状態をコントロールする技術が不可欠となる。しかし，馬は機械ではなく意思を持つため，個体差が大きい。このことが画一的な調教が困難な理由であるとともに，馬が指示どおりに自らの意思で行動した時の喜びが大きく，古来，多くの人を魅了し，そしてこれからも多くの人を魅了し続ける理由でもあるのだろう。

図14
馬は人に乗られたくないのかもしれない

［文 献］

1）Takahashi, T., Aoki, O. & Hiraga, A. *J. Equine Sci.* **18**, 47–53 (2007).

6 サラブレッドの走能力
――すべては速く走るための適応

大村 一
Hajime Ohmura

日本中央競馬会
美浦トレーニング・センター
競走馬診療所 上席臨床獣医役／
岐阜大学大学院 客員教授併任

1995年3月，大阪府立大学農学部獣医学科卒業。同年4月，日本中央競馬会入会。2002年，大阪府立大学にて博士号（獣医学）取得。2004～2005年，カリフォルニア大学デービス校にてポストドクトラルフェロー。主に，サラブレッドの運動生理学に関する研究に従事。日本獣医学会学術集会大会長賞（2003年），日本ウマ科学会学会賞（2019年）を受賞。主な著書に，新 ウマの医学書（分担執筆，緑書房，2012），競走馬ハンドブック（分担執筆，緑書房，2013）などがある。

サラブレッドがヒトを背にして高速で走行できるのは，さまざまなサラブレッド特有の適応が馬体に起こっているためである。外貌上の長い肢だけでなく，見えない部分においてもさまざまな適応がある。本稿では，サラブレッドの高い心肺機能を中心に競走能力向上に有利に影響している点について，ヒトなどと比較しながら科学的に紹介する。

1 はじめに

日本の中央競馬におけるサラブレッド競走馬の1,000 mレースにおける最速の走破タイムは53.7秒，これを時速に直すと67.0 km/時。このレース中における最速の200 mのラップタイム（競馬ではハロンタイムという）は9.6秒であり，時速に直すと74.9 km/時となる。ロンドンやリオデジャネイロオリンピックにおいて100 m走，200 m走，4×100 mリレーの3冠を獲得したことで知られるウサイン・ボルト選手の100 m走における世界記録は9.58秒で，時速に直すと37.6 km/時である。このように，競走馬はヒトの陸上競技選手の2倍の速さで走ることが可能である。加えて，競馬は，常にジョッキー（体重は50 kg～60 kg程度）が騎乗しておこなわれるが，同様に陸上競技選手が5 kg程度の荷物を

レースのゴール直前の様子 (2019年有馬記念から)

背負って100 mを10秒程度で走ることはほとんど不可能であることは容易に想像できる。このように，サラブレッド競走馬はスーパーアスリートとして認知されているが，その走能力の高さはどこから来るのか，その一端について科学的にお話したい。

2 最大酸素摂取量

サラブレッドは非常に高い心肺機能を持ち，高い最大**酸素摂取量**[*]を持つ動物として知られている。ヒトのアスリートにおいては，一般に，長距離選手の方が短距離選手よりも高い最大酸素摂取量を持つ。たとえば，マラソン選手のそれは80 mL/kg/min程度といわれている。

筆者らの研究において，サラブレッドの最大酸素摂取量は200 mL/kg/minを超えるケースが見られる。普段，数分間のレースを走る競走馬がこれほど高い最大酸素摂取量を持つ理由は，どこにあるのか，順を追って説明する。酸素摂取量については以下の数式が成り立つ。

酸素摂取量＝心拍数×1回拍出量×（動脈血酸素含量－静脈血酸素含量）

酸素摂取量を高く保つため，サラブレッドはそれぞれの項目において，有利に働くような適応をおこなっている。

3 心拍数と心重量

サラブレッドの安静時の心拍数は30～35回/分程度である。一方，運動時の最大心拍数は230回/分を超える。ヒトのアスリートが200回/分であることを考えると，かなり高いことがわかる。また，サラブレッドの安静時と運動時の心拍数を比較すると運動時は安静時の7～8倍となる。ヒトは通常3～4倍であることから，この値についてもサラブレッドはかなり高い。一方，運動時の1回拍出量の最大値は1.5 L～1.7 L程度である。1回拍出量は心臓が1回の拍動で送り出す血液量のことで，哺乳動物において，この1回拍出量は心臓が大きいほど大きい傾向にある。哺乳類の心臓の重量は概ね体重の0.6％であるが，サラブレッドの心臓は体重の約1.2％であり，ヒトなどの他の哺乳類と比較して2倍程度の大きさがある。また，一般にトレーニングにより心重量は増加するが，サラブレッドの場合，6ヶ月以上のトレーニングによって10～20％程度増加することが報告されており，トレーニング効果も得やすいと考えられる[1)]。前

用語解説

【酸素摂取量】
哺乳類が生活するうえにおいて身体のすべての器官や組織が消費する酸素量。単位は通常mL/kg/min。運動時には特に筋肉での酸素消費が大きくなり，その最大値を最大酸素摂取量という。最大酸素摂取量は個体ごとの持久力の指標として用いられている。呼吸により酸素を吸った量のことのように誤解されるが，実際は器官や組織で使用した酸素の量であり，各器官が作り出すエネルギー量と等価である。酸素摂取量1 mL/kg/min = 5 cal（カロリー）= 20.1 J（ジュール）の換算式が成立する。

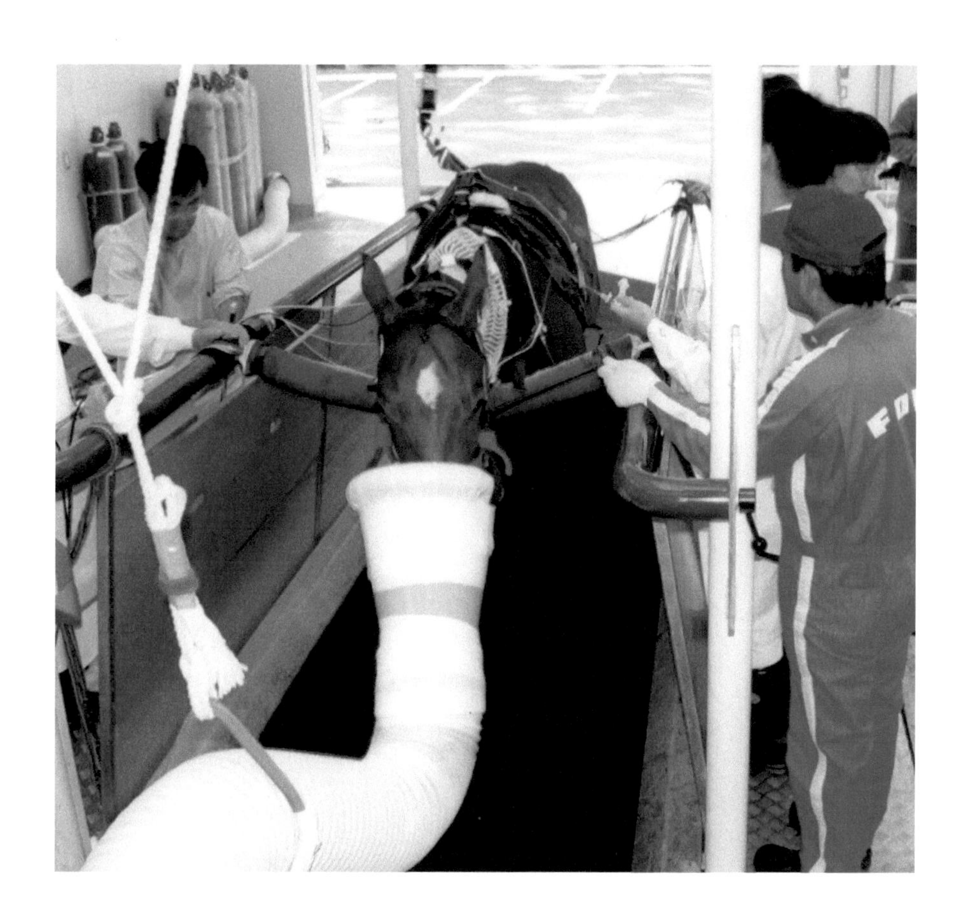

図1
酸素摂取量の測定風景
馬用トレッドミルと専用のマスクを用いる。同時に動・静脈血を採取することで，心肺機能の多くの項目を測定できる。

述の式の心拍数と1回拍出量の積は分時心拍出量，すなわち1分間に心臓が全身に送り出す血液量を反映するが，サラブレッドの場合，毎分340 L～400 L程度の大量の血液を全身に送り出している。サラブレッドは，毎分，家庭の風呂2杯分程度の血液を心臓から全身に送り出していると考えると，その多さが想像できるであろうか。

4 テイエムオペラオー

中央競馬において七つのG1レースを制した競走馬，テイエムオペラオーの生涯獲得賞金は18億円であり，

2017年までの世界記録であった。テイエムオペラオーはオーナーの好意によりさまざまな研究データがあり，その身体能力を調べた結果は科学論文にもなっている[2)]。テイエムオペラオーの身体的特徴において，特に傑出して素晴らしい点は，その心臓の大きさにある。超音波検査により，心臓の大きさを測定した結果から推測するに，テイエムオペラオーの心臓は約6.6 kg（論文2から筆者の推計による）の重量があり体重の約1.38％の心重量と，他の競走馬と比較しても相当に大きいことがわかる。前述のように，心重量の大きさにはトレーニング効果も反映されると考えられ，テイエムオペラオーの場合，遺伝的な要素に加えて，十分にトレーニングされた結果，このような，大きな心臓を持つことができたと考えられている。この大きな心臓が大量の血液を全身に供給し，その結果，高い最大酸素摂取量を持つことができたからこそ，素晴らしい競走成績を残せたのではないかと想像される。

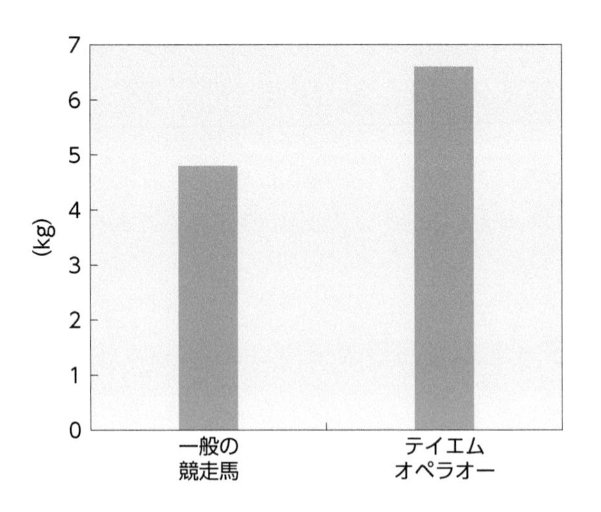

図2
競走馬の心臓の大きさ

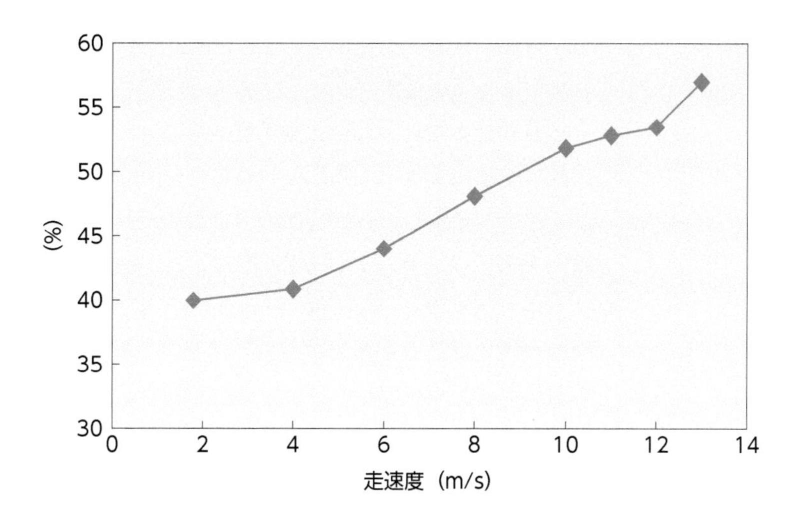

図3
走速度とヘマトクリット値の関係

5 ヘマトクリット値

では，もう一度，酸素摂取量の式に戻ってみよう。次に，出てくるのは“動脈血酸素含量－静脈血酸素含量”であるが，ここに示す酸素含量とは，血液中の酸素の量を示しており，動脈血および静脈血中の酸素含量は，それぞれに溶けている酸素の量のことである。血液中の酸素は赤血球によって運ばれているが，この赤血球の量を示す値の一つがヘマトクリット値であり，酸素含量に大きく影響する。ヘマトクリット値は血液中の赤血球の体積を示し，50％であれば血液量の半分は赤血球が占める。また，赤血球中には，酸素と結びつき運搬可能なヘモグロビンが一定の割合で含まれている。ヘマトクリット値が高いことは，ヘモグロビン濃度が濃いことを示している。血液酸素含量は次式

血液酸素含量＝1.39×ヘモグロビン濃度×
酸素飽和度＋0.003×酸素分圧

で，求められることから，血液中にたくさんの赤血球が

ありヘモグロビン濃度が濃いことは，酸素をたくさん取り込めることを示す。

ヒトも含め，ほとんどの哺乳類ではこのヘマトクリット値は運動によって変化しない。しかし，サラブレッドの場合，運動によってヘマトクリット値は安静時の40％程度から60〜70％程度に増えることが知られている。ヘマトクリット値が40％から60％増加した場合，同じ容積の血液が運搬可能な酸素の量は1.5倍増加することになる。サラブレッドの場合，心臓から送り出す血液が大量であるだけでなく，その成分も酸素を運ぶことに有利に適応している。

6 脾臓

サラブレッドの場合，安静時において，この大量の赤血球は脾臓に蓄えられている。脾臓は主に免疫に関わる臓器として知られているが，サラブレッドにおいては，これに加え，赤血球を貯蔵する役割も持つ。サラブレッドの脾臓の大きさは約10 kgあり，たくさんの赤血球が蓄えられている。ヒトの，たとえばマラソンや水泳選手などが盛んにおこなっている高地トレーニングは，赤血球の量を増やすことにより最大酸素摂取量を高め，持久力を増加させることが一つの目的である。しかし，その場合においても，サラブレッドのように1.5倍もの赤血球量を得ることはできない。サラブレッドにおいては，運動により脾臓から赤血球を放出することで，ヒトでは到底獲得できない高い酸素濃度の血液を全身に供給している。

7 赤血球

サラブレッドの血液のもう一つの特徴は，一つひとつの赤血球が小さいことであり，赤血球の1個あたりの大きさはヒトの半分程度である。サラブレッドの赤血球数は血液1 μLあたり700〜1,000万個であり，単位容積あたりではヒトの2倍以上の個数がある[3)]。これにより，赤血球全体の表面積は，ヒトのそれよりも25％程度広いものと考えられる。赤血球の表面積が広いことは，酸素のやりとりを速くおこなうことが可能であることを示しており，組織では赤血球に取り込んだ酸素をより放出しやすく，肺においては酸素を赤血球により取り込みやすくなることを示している。筋肉に，よりたくさんの酸素を利用できる環境を作り出した結果，静脈血酸素含量は非常に低くなる[4)]。この結果，“動脈血酸素含量－静脈血酸素含量”の値は高くなり，酸素摂取量は増加する。

8 体温

サラブレッドの安静時の体温はヒトより少し高い，37.5〜38.2℃程度である。運動強度に応じて体温は上昇し，最大運動時には43℃程度まで上昇することが知られている[4)]。一般に，哺乳類においては運動時に産生されたエネルギーの20〜30％が運動のためのエネルギーに利用され，それ以外のほとんどのエネルギーは熱に変わり体温を上昇させる。最大酸素摂取量が高いことからわかるように，運動時にサラブレッドの産生するエネルギーは非常に多い。このため，他の動物と比較して運動時の体温が非常に上昇しやすい。しかし，この体温上昇も，サラブレッドの酸素摂取量の増加に寄与している。体温が上昇すると**ボーア効果**[*]により，血液中の酸

用語解説

【ボーア効果】
生理学者クリスティアン・ボーアにより発見された。血液内の二酸化炭素分圧の上昇，pHの低下，体温上昇などの変化によって筋肉などの末梢組織で酸素が赤血球から離れやすくなり，酸素利用が進む。

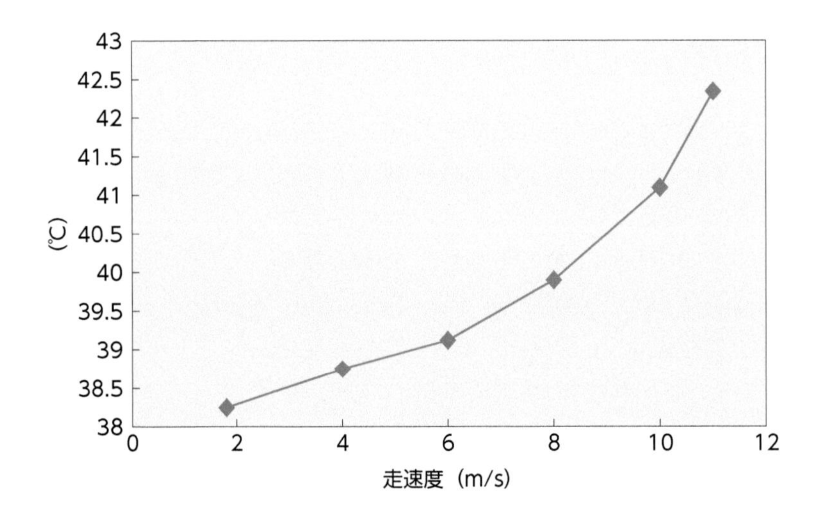

図4
走速度と体温の関係

素離れが良くなり，筋肉での酸素利用効率が上がる。体温の上昇や筋中の酸性度の上昇等，サラブレッドは走れば走るほど，筋肉内環境が悪化し不利に思えるが，実はその環境の悪化が筋肉内の酸素利用効率の上昇に寄与している。

9 運動コスト

サラブレッドの運動能力の高さを示す特徴として，心肺機能の優秀さと同様に運動コストの低さが上げられる。運動コストとは，同じ距離を移動する時に必要なエネルギー量のことを示しており，低いほど運動効率が良いことになる。たとえば，ヒトでは，**歩法**[*]により運動コストは大きく異なり，“歩く”よりも“走る”方が高くなる。“走る”でも，軽いジョギングよりも速いランニングの方が運動コストは高くなる。つまり，ヒトは速く移動すればするほど運動コストは高くなる。実は，このことはヒトにおいて，同じ距離を移動する場合，走る方が“大

用語解説
【歩法】
ヒトや動物が移動する際の肢（足）の運び方。肢の着地順序や着地している肢の数などにより分類する。ウマの場合，移動速度の遅い方から常歩，速歩，駈歩（キャンター），襲歩（ギャロップ）と分類するのが一般的。ヒトは歩く，走る。

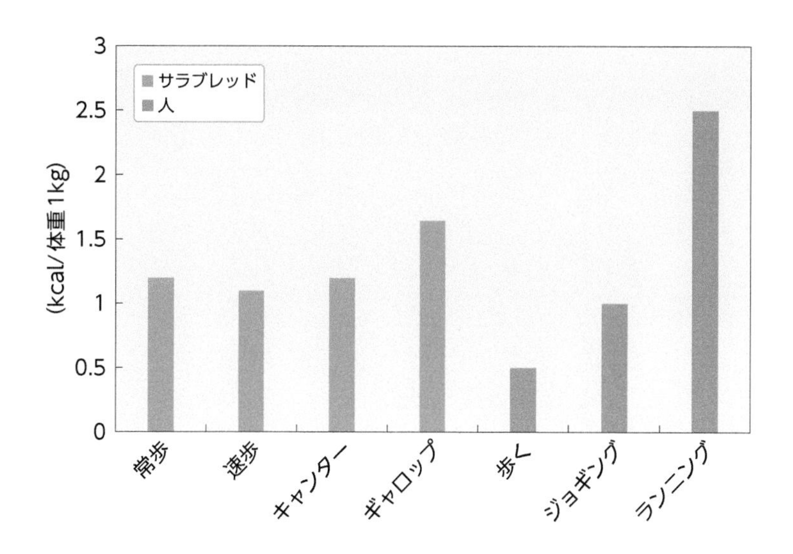

図5
1 kmの移動に必要なエネルギー

変”であることを示している。私たちが走ると，息が弾んで疲れると実感できるのはこのためである。一方，サラブレッドは，歩法が異なることによる運動コストの変化はそれほど大きくない。すなわち，速く走ってもヒトのようにあまり運動効率は変わらず，疲れかたも同じ距離を移動するなら常歩もギャロップも同じであると考えられる。

10 サラブレッドはかかとを着かない

サラブレッドの走り方の特徴として，蹄で着地して走ることがある。ヒトのように，かかとは着かない。サラブレッドには写真に示す腕節，飛節とよばれる関節があるが，これらはヒトでいうところの手首，足首にあたる。サラブレッドの場合，これらより先端には指が中指1本しかなく，加えて，筋肉を持たない。このため，肢は比較的軽い作りになっており，軽くて長い肢を持つことは

運動コストの低さに寄与すると考えられる。最近，ヒトの短距離選手だけでなく長距離選手においても，かかとを着かず，足先から接地する“フォアフット走法”が注目されているが，サラブレッドは生まれながらにして，蹄のみで着地する究極の走法を身につけており，サラブレッドの運動効率の良さの一因と考えられている。

11 すべての適応は速く走るため？

図6
サラブレッドは長くて軽い肢を持つ
サラブレッドは蹄のみで立つ。蹄はヒトの爪に当たる。

このように，サラブレッドの運動に関わる各種の臓器や器官，肢の長さまで，すべては“速く走るため”の適応がおこなわれている。これまでお示ししてきたサラブレッドの適応はすべて後付けの理由であるが，すべて科学的に理にかなったものである。ここまで適応してきたサラブレッドであるが，今後もさらなる適応を見せるのか，科学の目で見守る必要がある。

[文献]

1) Kubo, K., Senta, T. & Sugimoto, O. Relationship between training and heart in the Thoroughbred racehorse. *Exp. Rep. Equine Health Lab.* **11**, 87–93 (1974).

2) Kamiya, K., Ohmura, H., Eto, D., Mukai, K., Ushiya, S., Hiraga, A. & Yokota, S. Heart size and heart rate variability of the top earning racehorse in japan, T M. Opera O *J Equine Sci.* **14** 97–100 (2003).

3) 日本中央競馬会競走馬総合研究所・編著. 新ウマの医学書　V血液・循環器系 pp93–100 (緑書房, 2012).

4) Ohmura, H., Hiraga, A., Matsui, A., Aida, H., Inoue, Y., Asai, Y. & Jones, J.H. Physiological responses of young thoroughbreds during their first year of race training. *Equine Vet. J.* Suppl 140–146 (2002).

7 ウマの感覚機能と競馬への集中

――アスリートのサバイバルのため視野，聴覚を馬具で制御

楠瀬 良
Ryo Kusunose

元・JRA競走馬総合研究所　次長

農学博士。獣医師。1975年，東京大学農学部畜産獣医学科卒業。同大学大学院等を経て，1982年，日本中央競馬会入会。以後，競走馬総合研究所で一貫して馬の心理学・行動学の研究に従事。2010年，（公社）日本装削蹄協会常務理事。日本ウマ科学会和文機関誌ヒポファイル編集委員長。主な著書に，サラブレッドに「心」はあるか（中公新書ラクレ，2018），サラブレッドは空も飛ぶ（毎日新聞社，2001）など。

ウマは両眼視の範囲は狭いが，広い視野を有しており，視野の端で動く物に敏感である。競走馬では，これらの特性が競馬への集中を妨げる場合があり，視野を制限する機能を持つブリンカーなどが用いられる。ウマは暗視能力に優れ，二色型色覚である。頭部を動かすことなく音源を特定することができ，可聴範囲55 Hz～33.5 kHzの範囲にある。音に敏感すぎて興奮する競走馬には，耳覆いをつけたメンコが用いられることがある。嗅覚，味覚は自らの身を守り，繁殖，育子，群れの維持に役立っている。

1 はじめに

ウマは動物のなかで最も優れた感覚機能を持っているとされている[1)]。

ウマ科動物は開けた草原で，常に肉食獣に狙われる被捕食動物として進化してきた。彼らが進化の中で生き残るためにとってきた戦略は①群れること，②危険をいち早く察知するために感覚器官を鋭敏化させること，③走能力を高めること，であった。群れることで生存性が高

まることは，多くの動物で知られている。またウマが群れの習性を持つことは，今からおよそ5,500年前とされるウマ（*Equus caballus*）の家畜化[2)]に際し，不可欠な習性であった。生存に有利だったウマの持つ特有な感覚機能は，現代のウマにもそのまま継承されていると考えられる。瞬発力のある肉食獣から逃げきることのできるスピードとスタミナは，現代の競馬の核となっている。競馬はグローバルな産業として定着し，そのためのウマ生産が世界各地でおこなわれている。たとえば我国では近年は毎年ほぼ8,000頭のウマが生産されているが，その8割をサラブレッドが占めている。まさにウマの走能力が種としての絶滅を救っているといえるかもしれない。

本稿ではウマの視覚，聴覚，嗅覚，味覚について概述するとともに，ともすれば鋭敏すぎて競馬への集中を妨げかねない感覚機能を制限する馬具についても触れていきたい。

競走馬は競馬に集中してゴールを目指す

［写真提供：㈱ケイバブック］

2 視覚

ウマにとって最も重要な感覚機能は視覚であるといえよう。ウマは目が見えなくなれば野生では生き延びることができないし，盲目のサラブレッドは競走馬登録ができない。

ウマは陸生動物で最も大きな眼球を持っている[3)]。このことは環境変化の情報の多くを視覚にたよっていることを示している。ウマの眼球にある網膜の面積を基準にすると，視覚による情報量はヒトよりも50％多いとされている[4)]。またウマは両眼が頭部の左右に位置していることから，両眼視の視野は60°～70°と狭いが[5)]，視野全体はパノラマ状に水平方向に広がったものとなっている。

視覚による情報は網膜の視細胞で受けとり，神経節細胞を介して脳に送られる。ヒトの場合，神経節細胞の密度は網膜の中心窩で高く，この部分が最も物がよく見え，周縁にいくほど神経節細胞の密度は低下し，視力も減じる。これに対してウマでは，神経節細胞は目頭から目尻にかけて帯状に高密度で分布し，特に視野の辺縁部で高密度となっている[6)]。こうした解剖学的特徴は，ウマが視野の端で動くものに敏感で警戒的な反応を示す習性に関係していると考えられる。

ウマの捕食者は地上性の肉食獣であり，採食しながら後方を含めた周辺が見渡せる視野と，視野の辺縁での動きを鋭敏に察知できる視覚を持つことは，敵をいち早く発見するという点で有利であったと考えられる。ただし現代のサラブレッドにとっては，これらの特性が競馬への集中を妨げる場合もあり，視野を制限する必要もでてくる。

競馬の際に使用されるブリンカー（図1）は，横にいるウマや後方から接近するウマに気を取られたり恐れた

図1
ブリンカーを装着した競走馬

ブリンカーはウマの側方ならびに後方の視界を遮る馬具。JRA 主催の競馬ではブリンカーを用いる場合は届け出なければならない。

[写真提供：㈱ケイバブック]

りするウマに対して，視野を制限して競馬へ集中させることを意図した馬具である。また同じような役割を期待して用いられる馬具としてチークピーシーズ（図2）がある。個体によっては自身や競馬場の埒の地上に投影された影を気にするウマもいるが，こうしたウマにはシャドーロール（図3）が装着される。これら視覚を制限する馬具のうち，ブリンカーは競馬のパーフォーマンスに与える影響が明らかにあると考えられており，JRA（日本中央競馬会）主催の競馬では，馬券の購入者の便宜をはかるため，出走馬リスト（出馬表）にブリンカー装着の有無が表記されている。

図2
チークピーシーズを装着した競走馬

チークピーシーズはウマの後方の視界を遮る馬具。ブリンカーよりは視界を妨げない。

[写真提供：㈱ケイバブック]

瞳孔が最大限に広がった場合の面積から，ウマの集光能力はネコ，ウサギ，ラット，コウモリよりは劣り，フクロウ，イヌ，灰色リスとは同程度であると報告されている[7]。視細胞には暗所での感度が高い桿体と，明所で機能し色覚に関与する錐体とがあるが，ウマでは桿体と錐体の比は20：1とされている[8]。このことはウマが色覚を犠牲にして暗視機能を向上させていることが示唆される。さらにウマの網膜の後ろ側にはタペタム（輝板）が存在する。タペタムは網膜を透過した光線を反射して再び網膜の視神経を刺激する役割をはたす[9]。タペタムは他の有蹄類にも認められ，微弱な光をいわば増幅する

図3
シャドーロールを装着した競走馬

シャドーロールはウマの下方の視界を遮る馬具。影などを気にするウマに用いる。

[写真提供：㈱ケイバブック]

作用をしているとされている。ウマは大きな眼球ゆえの集光能力，暗所での感度の高い桿体の多さ，タペタムの存在などにより極めて高い暗視能力を有しているといえよう。

ウマの色覚に関しては1950年代から動物心理学的手法を用いてさまざまな研究がおこなわれてきたが(GrzimeK,B 1952[10]など)。これらを総合するとウマは黄色が最もよく見え，ついで緑，青，赤の順で識別できるとすることができる。すなわちウマは，ヒトを含む多くの霊長類以外の哺乳動物に共通する二色型色覚を有していると考えられている[11]。ちなみにヒトは三色型色覚を持ち，二色型色覚のヒトは先天赤緑色覚異常とされる。ウマが比較的乏しい色覚しか有していないのは，色彩は進化の環境のなかでウマにとっては，あまり重要でなかったためと考えられる。

3 聴覚

ウマは聴覚も発達している。見てのとおりウマはラッパのような形状の耳介を有し，それぞれの耳介を左右独立に動かすことができる。耳介の向いている方向から，ウマが注意を向けている対象が推定できる。

ウマは耳筋とよばれる多くの筋肉で耳介を180度回転させることで，頭部や体を動かすことなく音源の距離や方角をある程度正確に特定することができる[12)]。この能力は，単眼視の範囲が広く距離の判断が苦手なパノラマ状のウマの視覚をおぎなっていると考えられる。ただしウマの音源の方角定位能力は25度程度の誤差があり，音源の方角をほぼ正確に特定できるヒトや肉食性哺乳動物より劣るとされている[13)]。

ウマが聞き取れる周波数の範囲（可聴範囲）は，人に比べてやや高周波数側にずれている。すなわち人の可聴範囲は20 Hz～20 kHzなのに対して ウマは55 Hz～33.5 kHzの範囲の音を聞き取ることができる[14)]。また，ウマが最もよく聞こえる周波数の範囲は1～16 kHzであり，この広い周波数範囲は多くの動物の中でも優れた部類に属する。

ウマの鋭い聴力は競走馬の場合，視覚と同様競馬への集中を妨げる場合がある。特に経験が浅く競馬場の騒音になれていない若い競走馬は，音に敏感に反応して落ち着きをなくす場合が比較的多い。競馬では特に音に敏感で，集中力をそがれると考えられる競走馬に耳覆いをつ

図4
耳覆いつきメンコを装着した競走馬
耳覆いは減音効果があり，特に高周波数の音で著しい。
[写真提供：㈱ケイバブック]

けたメンコ（図4）を装着して出走させることがある。実際，この馬具を装着するとウマがおとなしくなることが観察される。耳覆いの部分は厚手のビニールでできている場合が多いが，この素材は特に高周波数の音を減ずるという特性がある。ウマが忌避する高音を大きくカットすることで動揺を抑える効果があるものと推定される。

4 嗅覚・味覚

嗅覚と味覚は化学受容器とよばれ，他の哺乳動物同様，相互に深い関連がある。

匂いは鼻腔上部の鼻粘膜上の嗅細胞によって感知される。ウマは鼻が長く鼻粘膜の面積も広く，嗅覚は鋭敏である。

初めて育成馬に鞍を装着する際には，まず装着しようとする鞍の匂いを十分嗅がせるということがよくやられる。匂いを嗅がせない場合に比べてウマは落ち着いて鞍の装着を受け入れるようになる。すなわち，ウマは匂いを嗅ぐことで新規物に習熟するという習性がある。群れで放牧されている母子ウマでは，戻ってきた子馬を最終的に匂いで確認していることが観察される。嗅覚は母子間の絆の形成と維持には重要な役割をはたしている。また尿の匂いで個体識別ができ，雄ウマはメスの尿から発情のステージを判断できるとされている[15]。さらにウマは匂いで親しんだ食物を判別できることも報告されている[16]。

ウマは鼻腔内の嗅細胞を介した通常の嗅覚システムに加え，ヒトでは見られない鋤鼻器（ヤコブソン器官）を介した嗅覚システムを有している。鋤鼻器はウマばかりでなく，ウシ，イヌ，ネズミなど多くの動物で機能している。鼻口腔内に位置する一組の盲管で，多くの場合口蓋に開口部がある。しかしウマとネズミでは，口蓋ではなく鼻腔に開口部がある。鋤鼻器は通常の匂いを感じるのではなく，フェロモン様物質を受容する器官に特化していると考えられている。

ウマはフレーメンとよばれる特有の表情（図5）を示すことがあるが，このとき鋤鼻器内が陰圧となり匂い物質が入り込み，その刺激が脳に伝達される[17]。フレーメンは発情中の雌ウマの匂いを嗅いでいる雄ウマで頻繁に観察される。ただしアルコールなどの刺激臭でも簡単に誘発することができ，雄ウマばかりでなく雌ウマも幼い子馬もフレーメンを示す。一方，雌ウマと雌雄の子馬

図5
フレーメン
ウマがこの表情をすると陰圧になった鋤鼻器内に匂い物質が流れ込む。

達を集団で放牧しているときには雄子馬でフレーメンの頻度が最も高いことが観察されている[18]。

味覚は生理学的には，甘味，酸味，塩味，苦味，うま味の五つが基本味とされ，主に舌に受容器がある。ウマは甘味，酸味，塩味，苦味，を識別することがわかっているが[19]，うま味については不明である。ウマは味覚を用いてカロリーの高い飼料（穀類等）を判別しており[20]，有害な植物の摂取をさけている[21]。母ウマは出生後の子馬をなめるが，これは子馬を味覚を通して認識し，その後の育子行動に影響を与えることがわかっている[21]。また群れの個体間のグルーミングでも味覚が関与しており，群れの維持と絆の形成に係わっていると考えられている[21]。

以上のように，ウマの嗅覚，味覚といった化学受容器を通した感覚機能は，適切な栄養の摂取で自らの身を守り，繁殖行動，育子行動を円滑に遂行し，群れを維持するといった役割をはたしているといえよう。

5 おわりに

放牧地のなかで群れで放牧されているウマ達を見ていると，まことにのんびりしたものである。彼らはめったに走り回ったりはしない。日がな草をはんだり寝そべったりしている。ウマ達が走るのは，何かにびっくりしたときである。見ている人間はウマが何に驚いたかわからないことすらある。ウマ達の鋭い感覚機能のなせるわざといえよう。野生のウマもきっとそうだったと思われる。いざ走るときは，鋭敏な視覚や聴覚で危険を察知し，恐怖にかられたときだったろう。そのときはやみくもに走り，危険から逃れきる。被捕食動物の宿命といえる。

一方で競馬は，定められた距離でスピードを競い合うゲームである。最後の競り合いを制するためには，道中での体力のロスを減らす必要がある。やみくもに走るなどもっての他である。そのためには素直に騎手の指示に従う従順性が求められる。育成技術が問われるところである。それでも自らの鋭敏すぎる感覚が競馬場の非日常的環境の中で我を忘れ，興奮しすぎてしまう個体も存在する。感覚機能を制限する馬具は，競走馬を競馬ならびに騎手の指示に集中させ，定められた距離を最も速く走らせることを意図して使われているものである。

[文 献]

1) Blake, H. *Thinking with horses.* (Souvenir Press, London, 1977).

2) Anthony, D., Telegine, D. Y. & Brown, D. The origins of horseback riding. Sci. *Amer.* **265**, 94–100 (1991).

3) Knill, L. M., Eagleton, R. D. & Harver, E. Physical optics of the equine eye. *Am. J. Vet. Res.* **38**(**6**), 735–737 (1977).

4) Roberts, S. M. Equine vision. *Vet. Clin. North Am. Equine Pract.* **8**(**3**),451–457 (1992).

5) Duke-Elder, S., ed. *System of ophthalmology. Vol I. The eye in evolution.* (H. Kimpton, London. 1958).

6) Harman, A. M., Moor, S., Hoskins, R., & Keller, P. Horse vision and an explanation of the visual behaviour originally explained by the 'ramp retina'. *Equine. Vet. J.* **31(5)**, 384–390 (1999).

7) Hughs, A. The topography of vision in mammals of contrasting life style: Comparative optics and retinal organization. in *The visual system invertebrate.* (ed. Crescitelli, F.) 613–756. (Springer-Verlag, New York, 1977).

8) Wouters, L. & De Moor, A. Ultrastructure of the pigment epithelium and the photoreceptors in the retina of the horse. *Am. J. Vet. Res.,* **40**, 1066–1071 (1979).

9) 日本獣医解剖学会編. 獣医組織学 改訂第二版. (学窓社, 2003).

10) Grzimek, B. *Versuche uber das Farbsehen von Pflanzenessern: I. Das farbige Sehen (und die Sehscharfe) von Pferden. Z. Tierpsychol.* **9**, 23–39 (1952).

11) Hall, C. A. Cassaday, H. J. Vincent, C. J. & Derrington, A. M. Cone excitation ratios correlate with color discrimination performance in the horse. *J. Comp. Psychol.* **120(4)**, 438–448 (2006).

12) Vallencien, B. Comparative anatomy and physiology of the auditory organ in vertebrates. in *Acoustic behavior of animals.* (ed. Busnel, R. G.) 522–556. (Elsevier. Amsterdam 1963).

13) Busnel, R. G. On certain aspects of anmal acoustic signals. in *Acoustic behavior of animals.* (ed. Busnel, R. G.) 69–111. (Elsevier. Amsterdam 1963)

14) Heffner, H. E. & Heffner, R. S. Sound localization in large mammmals: Localization of complex sounds by horses. *Behav. Neurosci.* **98**, 541–555 (1984).

15) Hothersall, B. Harris, P. Sortoft, L. & Nicol, C. J. Discrimination between conspecific odour samples in the horse. *Appl. Anim. Behav. Sci.* **126**, 37–44 (2010).

16) McGreevy, P. D. Hawson, L. A. & Habermann, T. C. Geophagia in horses: a short note on 13 cases. *Appl. Anim. Behav. Sci.* **71**, 119–215 (2001).

17) Lindsay, F. E. T. & Burton, F. L. Observational study of "urine testing" in the horse and donkey stallion. *Equine Vet. J.* **15**, 330–336 (1983).

18) Crowell-Davis, S. L. & Houpt, K. A. The ontogeny of flehmen in horses. *Anim. Behav.* **33**, 739–745 (1985).

19) Waring, G. H. *Horse behavior: behavioral traits and adaptations of domestic and wild horses, including ponies.* (Noyes. Park Ridge,NJ 1983).

20) Houpt, K. A. & Wolsky, T. *Domestic animal behavior for veterinarians and animal scientists.* (Iowa State University Press. Ames 1982).

21) Killy-Worthington, M. *The behavior of horses in relation to management and training.* (JA Allen. London 1987).

8 サラブレッドの繁殖と生産
——サラブレッド特有の生産管理

南保 泰雄
Yasuo Nambo

帯広畜産大学 グローバルアグロメディシン研究センター／獣医学研究部門 臨床獣医学分野 教授

1993年，帯広畜産大学卒業。同年JRA入会。競走馬総合研究所，日高育成牧場勤務。2014年，帯広畜産大学教授。専門分野は，ウマの生殖内分泌学に関する研究，生産獣医療の諸問題についての研究。セラピーホースやばんえい競走馬の生産を活性化し，国際的な教育の場としての利用を目指している。日本ウマ科学会学会賞（2014年）などを受賞。主な著書に，馬臨床学（分担執筆，緑書房，2014）など。

サラブレッドの子孫を得るために，牡馬と牝馬*を交配して子馬を生産する産業が存在する。しかし，不受胎や流産などの損耗，子馬の病気の多発など問題点も多い。本稿では，サラブレッドの生産方法とその問題点，研究成果を産業に活かした事例を紹介する。

1 サラブレッドの一生と生産の関係

走るために生まれてきたサラブレッドには血統をつなぐという重要な仕事がある。図1に示すように，競走馬の一生（ライフサイクル）を考えると，現役時代はわずか1〜5年であることが多い。引退後には，子孫を再び競走馬として送り出す重要な仕事が待っており，それを支える「競走馬生産産業」が存在する。競走馬生産の主体は現在，北海道の日高・胆振地方であり，北海道でサラブレッド全体の97％が生産されている。一般に競走馬を引退して，繁殖牝馬，種牡馬になることを「繁殖にあがる」とよぶ。牡馬が種牡馬となる率は1％以下と低く，国内で220頭程度（2015年）のみが登録されている。一方，繁殖牝馬は現役時代の成績がある程度優秀であった牝馬や，血統的に魅力のある牝馬の多くは繁殖にあが

用語解説

【牝馬，牡馬】
競馬産業，馬産業では，雌，雄の漢字を使用せずに，牝（ひん），牡（ぼ）の漢字を使用する。科学的には，雌馬，雄馬と記述するが，本稿では牝，牡を使用している。

サラブレッド生産牧場の収牧風景

る。生物学的に，**ウマ***の寿命は平均25歳，ウシは20歳，ブタは15歳と紹介されているが，畜産業界でウシ・ブタが寿命を全うすることは稀である。ライフサイクルから見ると，生産期は馬にとって一生の大半を占めることになる。世界的に高いレベルに達した日本の競馬産業で

図1
競走馬のライフサイクル

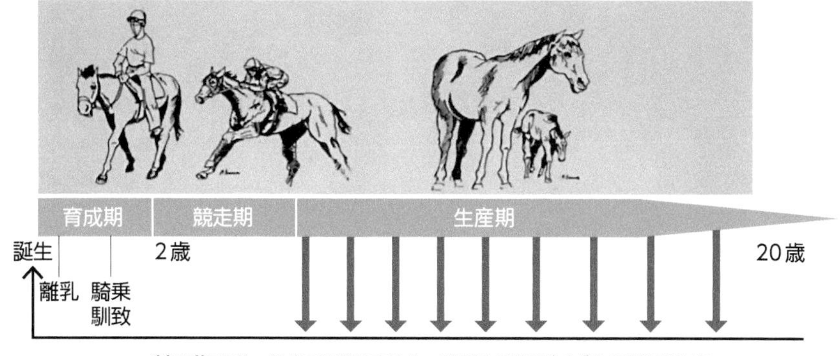

競走期を3〜7歳で引退すると，子孫を送りだす「生産期」は長い。

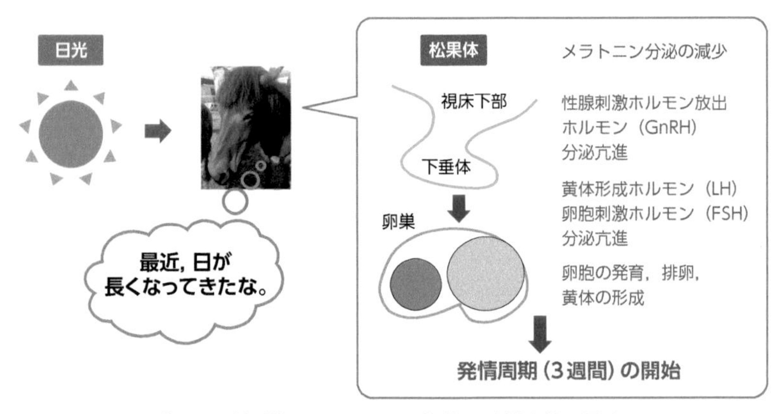

牝馬は, 繁殖期を迎えると, 周期的な発情を繰り返す!

図2
牝馬の季節繁殖性

勝ち残っていくためには，オーナーが望む種牡馬と交配し，丈夫な子馬を産み，健康な競走馬に育てる必要がある。しかし，サラブレッド生産には多額の経費が必要であり，かつ目的を達成するまでに多くの困難や問題点が存在し,「すでに競走は腹の中から始まっている」といっても過言ではない。そのため，生産牧場では飼養管理に細心の注意を払い，世界一強い馬の生産を目指している。

2 ウマの季節繁殖性

ウマの生産は，ウシの生産のように1年を通じて出産させることができない。

北半球では, 4〜9月に牝馬に発情周期が見られ, 交尾・交配により妊娠すると，翌年の春に子馬を出産する。季節繁殖性は，高緯度に生息する野生動物ではより厳格に制限される。一方，改良され家畜化されたウシやブタには季節繁殖性は見られない。この繁殖行動は，日の長さが長くなると，メラトニンの分泌減少を介して，**視床下部—下垂体—性腺軸**＊のホルモン分泌を亢進させること

用語解説

【ウマ　馬】
生物学的に動物種を示す場合はカタカナが利用される。ヒト，ウシ，ブタも同様。漢字による，馬，乗馬，繁殖牝馬，など，世間一般的な動物としての意味合いを示す場合は漢字が利用される。

【視床下部—下垂体—性腺軸】
ホルモン分泌や自律神経の調節に関係する間脳の一部である視床下部から，直下の下垂体に刺激ホルモンを放出させるように，細い血管を通じてホルモンを送る。その中でも性腺（精巣・卵巣）機能を調節するホルモン分泌調節作用を示す。

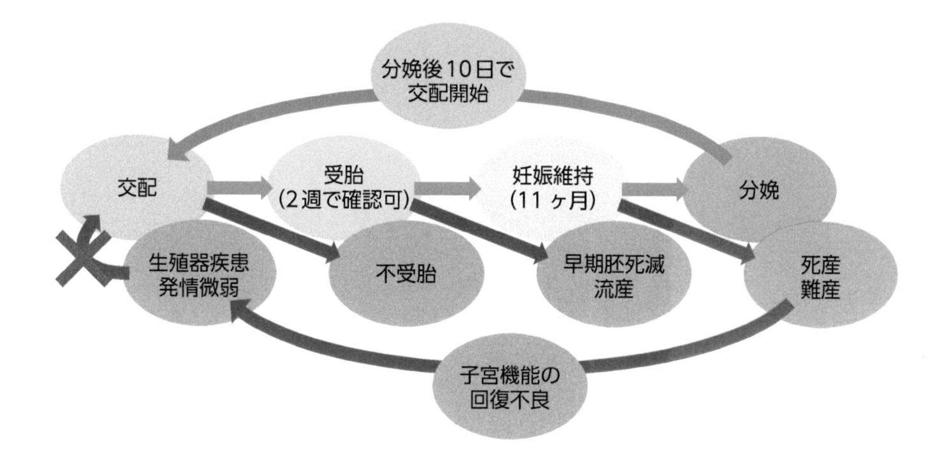

図3
サラブレッド生産の流れおよび各ステージでの問題点

で誘起される(図2)。同様に，牡馬の精巣機能も日長により調節されている。人気種牡馬が半年ごとに南北半球を移動して通年で交配をおこなう，シャトル種牡馬とよばれる形態もサラブレッド生産産業では実施されている。季節繁殖性を人為的に調節する光線処理(ライトコントロール)がサラブレッド生産では利用されている(後述)。

3 サラブレッド生産の流れ

競走馬生産で最初に必要な事象は，牝馬の発情周期を把握し，種牡馬と交配することであろう。サラブレッド生産では家畜で広く利用されている人工授精技術が許可されていないため，人の管理下により種牡馬と交配する必要がある。すべてが順調に進むと，11ヶ月後には元気な子馬の出生を迎え，産後10〜30日で再び交配が可能である(図3)。しかしながら，1年1産を目指して交配するも，図3の下段に示すように，不受胎による再交配を含め，さまざまな理由により生産できない状況に遭遇する。安定した受胎率を維持し，かつ生産性の損耗を少しでも軽減することが，サラブレッド生産に求められる課題である。

4 特有の生産獣医療・生産管理

(1) 生殖器の検査

馬の生産にとって，繁殖学や生産獣医療の知識・技術は極めて重要な分野である。一般に馬の発情周期は約3週間であり，そのうち約1週間が発情期となる。発情期の中で，排卵が近いことを予測することが交配を確定させるために必要となる。サラブレッド生産では，牡馬を牝馬に近づけたときの反応を観察する試情検査「あて馬」がおこなわれる。また，獣医師等により直腸壁を通じて，卵巣内に卵胞を確認する直腸検査は，すべての牝馬が経験する重要な検査である（図4）。

繁殖シーズン中の牝馬には，試情検査（あて馬），膣検査，直腸検査，超音波検査が日常的におこなわれる。また，細菌感染が疑われる際は，子宮細菌検査や子宮洗浄が実施され，必要な抗生物質や薬剤が投与される。さ

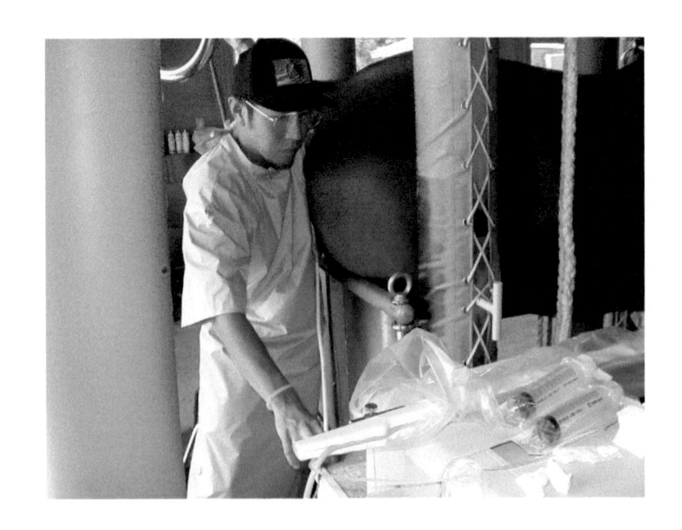

図4
繁殖牝馬の直腸検査の様子

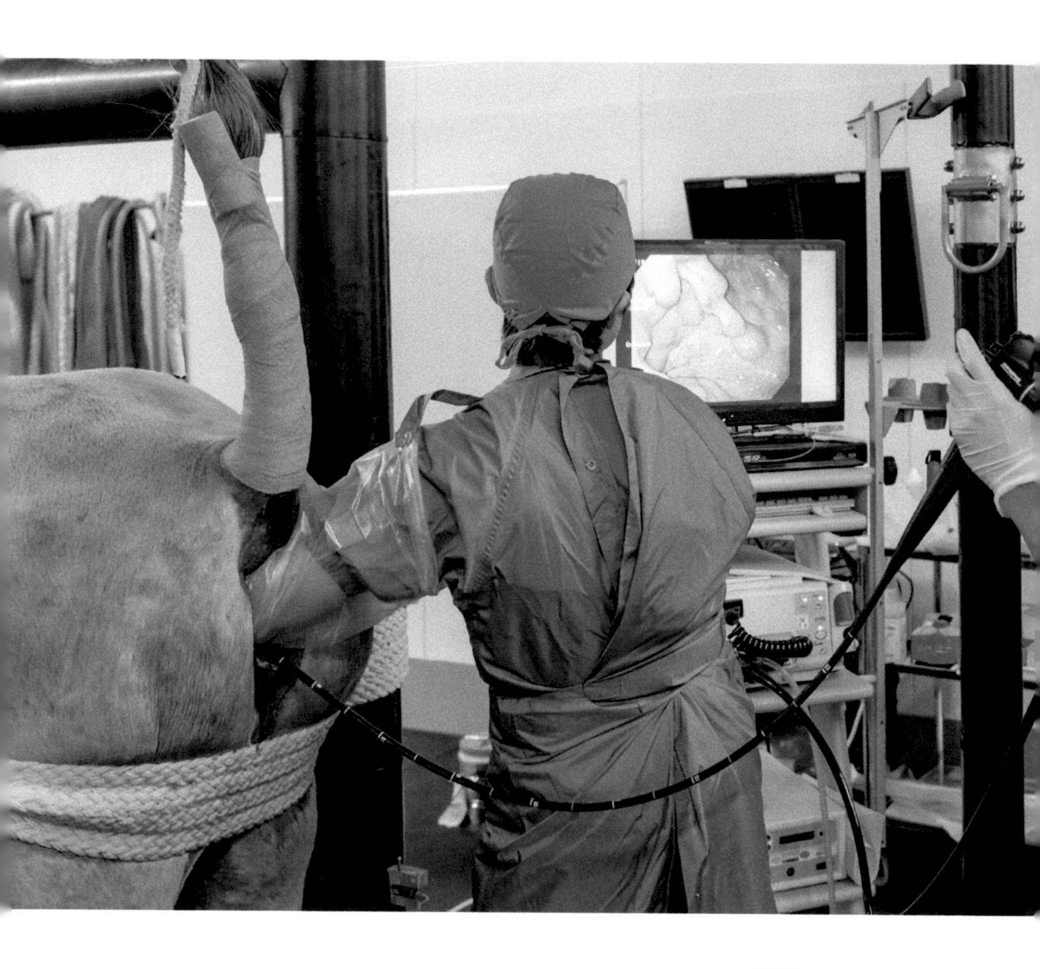

図5
繁殖牝馬の子宮内視鏡検査の様子

らに，内視鏡などの精密機器を利用した検査（図5）や，血液中の微量ホルモン濃度測定による診断もおこなわれることもある。サラブレッドは経済的価値が高いため，ヒトの医療技術や手法を取り入れていることが特徴といえる。

⑵ 双子の減胎

栄養管理が充実し，しばしば排卵誘発剤を投与して交配されるサラブレッドの生産では，2排卵率が高く，2卵性の双子と診断されることが多い。日高地方では，11.3%という高い率で双子妊娠が確認されている[1)]。交

図6
分娩予定の2～3ヶ月前に流産したことで判明した双子の胎子

配後17日以内の早い段階で妊娠診断をおこない，双子であった場合は減胎処置をおこなうことが馬生産の獣医療では欠かせない。その理由として，双胎になった場合，流産，死産（図6），あるいは虚弱子などの損耗率はおよそ9割となり，双子妊娠が継続した場合には産子を得ることができないため，双子妊娠の継続を未然に防ぐ管理が重要とされている。

超音波エコー検査によって子宮内に描出された15～20 mm程度の二つの胚嚢胞のうち，一つを獣医師の手指，掌あるいは超音波プローブにより破砕する方法が一般的である。受精後16日を越えると，実施が困難になることから，早い段階で減胎を実施することが有効である。

⑶ 分娩監視と分娩予知

11ヶ月の長い妊娠期間を経て，子馬の出生を目の前に控えると，母馬のお腹も大きくなる。サラブレッド妊娠馬のほとんどが介助を必要とせずに分娩することができるが，時には胎盤の異常や胎子の失位により難産となることがあり，人の介助が必要なことが5～10%程度あ

図7
分娩当日の乳房腫脹および乳頭先端の結晶付着（乳ヤニ）**の様子**

るといわれる。これがサラブレッドのような価値の高い馬に分娩監視が必要な理由である。生産者はすぐに介助ができるように，分娩馬房の様子を徹夜で監視する日々が続く。交配や検査など，他の仕事が並行する中で徹夜の監視はとくに負担が大きい。

馬の分娩徴候を把握し，分娩予知に役立てることは，その後の分娩監視の開始時期を考える上で有用である。分娩徴候の外部変化として，腹部膨満，乳房腫脹，仙坐靱帯の弛緩，体温低下，乳頭先端の結晶付着（図7，乳ヤニ）などが知られている。乳ヤニが付着すると分娩が近いといわれるが，はっきりした乳ヤニが付着せずに分娩する場合もあり，見逃しの原因にもなる。

これらの経験による判断とともに，さまざまな指標が模索されてきた。そのような中で，生産現場で簡便に実施できる精度の高い方法として，BTB試験紙を用いた乳汁pH測定がある。分娩前の乳汁pHが6.4より高い場合，分娩する可能性が統計的に低く，分娩監視の必要性が低いことが報告されている[2)]。この手法は国内のサラブレッド生産者に広く利用され，分娩監視の省力化に大きく役立っている。丈夫で健康な子馬が無事に産まれるこ

図8
出生後起立前の新生子

とこそが，サラブレッド生産の最大の願いである（図8）。

⑷ ライトコントロール

国内のサラブレッド生産に広く普及されている繁殖管理法の一つが，繁殖牝馬への長日処理，光線処理であり，競走馬生産ではライトコントロールとよばれている（図9）。サラブレッド生産において，前述した北半球での繁殖期と定義される4月に交配を開始すると，交配可能な期間が限られるために計画的な交配が難しいことが多い。近年では，1月から2月生まれの競走馬が勝利を収める機会も多く，これらは2月から3月に種牡馬と交配された母馬をもつことになる。本来の繁殖シーズンよりも前に交配を開始するためには，馬房内の照明時間を調

図9
繁殖牝馬へのライトコントロールの様子

節するライトコントロールが有効である。12月下旬から明期14.5時間，暗期9.5時間に相当するように，朝夕に馬房内に一般的な照明（LED照明も可）をタイマーによって作動させると，無処置の牝馬と比較して，1.5〜2ヶ月初回排卵が早まる。

北海道では春分の日（3/21）のころには，日長時間が1日に約4分ずつ長くなり，脳下垂体からのLH（黄体形成ホルモン）分泌が亢進することで繁殖期を迎える。ライトコントロールは，自然光で飼養している牝馬よりも早期にホルモン分泌を活性化させ，卵胞発育および排卵を促進させることを狙うものである。欧米のサラブレッド生産国でも広く利用されている技術であり，北海道のような寒冷地においても効果的であることが実証されている。

(5) サラブレッド生産に認められていない生殖補助医療

ヒト医療では，人工授精や体外授精，受精卵（胚）移植といったいわゆる生殖補助医療とよばれる医療技術が広く認知されてきた。しかし，軽種馬登録が必要なサラブレッド競走馬は，生殖補助医療は認められていない。

ところが，欧米の先進国では，オリンピック級の乗用馬やクォーターホース競走馬，ポロ競技馬等の生産に人工授精や受精卵移植が盛んに利用されている。

現在，帯広畜産大学では，障がい者や初心者，子供にとって安全な馬の生産を目指し，研究事業を進めている

図10
人工授精・受精卵移植による馬の生産の模式図

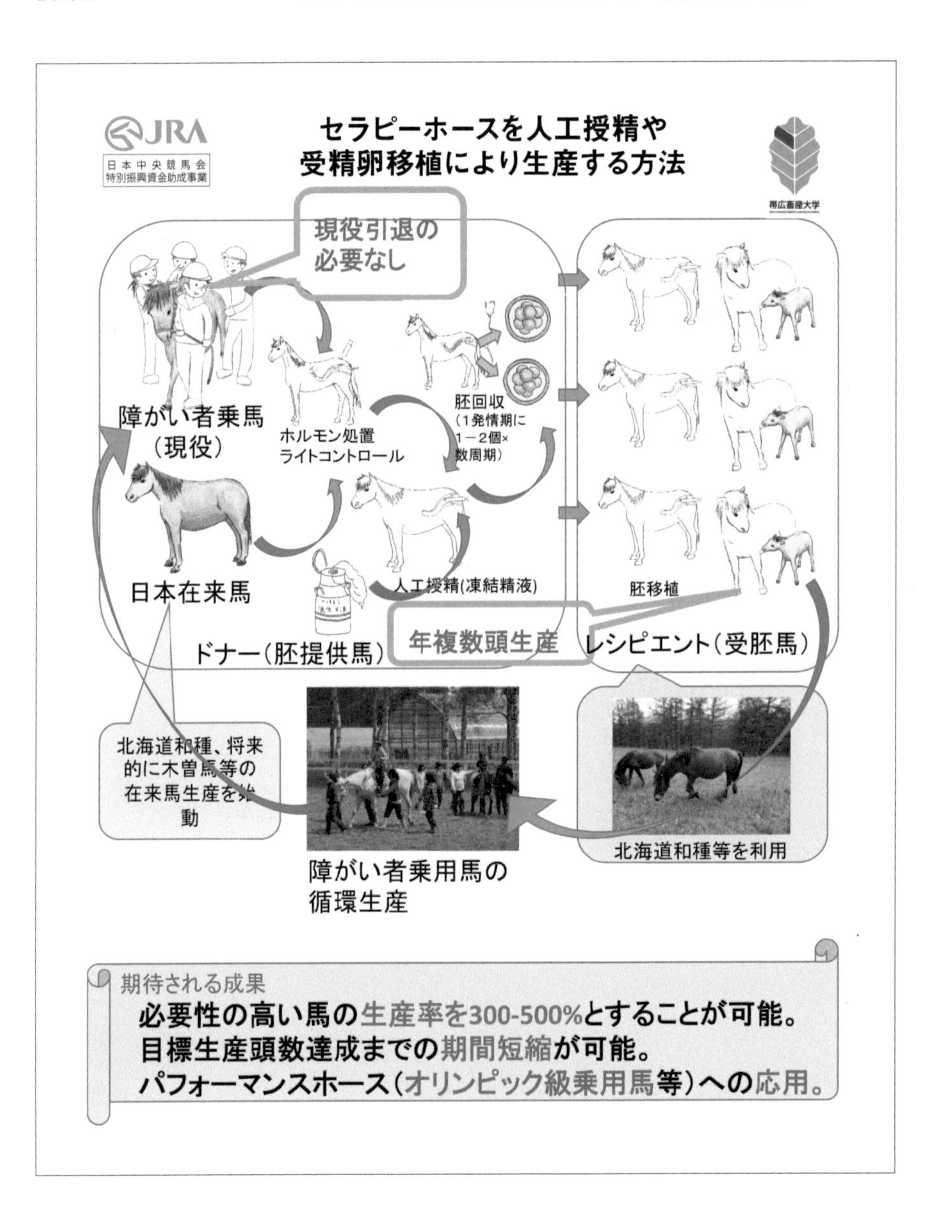

（図10）。おとなしい品種とされるヨーロッパ原産のコネマラポニーの凍結精液を輸入し，体高130〜140 cmの北海道和種牝馬に人工授精を実施，その牝馬（ドナー）の子宮から受精卵を一つずつ回収し，受精卵移植の技術により，3頭の全兄弟の生産に成功した[3]。この技術は，現役を引退せずに乗馬やセラピーホースとして供用を続けながら代理母馬に生産育成をさせる点において優れており，馬の生産技術の改良を通じて，日本の社会福祉や平等な社会構築にむけた貢献が可能と考えられる。さらに日本在来馬など希少な馬の生産にも応用が期待される。

これまで日本では馬の生殖補助医療について十分に研究されていなかったが，サラブレッドの受精卵発生に関する解明や新しい検査法を創出し，不妊の原因を究明できる可能性がある。日本のサラブレッドの生産性を向上させ，世界一のサラブレッド生産国となるためには，多角的な調査研究が必要とされている。

5 おわりに

欧米の競馬先進国では競走馬の生産に関する問題を重要視し，多くの研究が進められている。世界に通用する強い馬づくりのために，生産分野の発展が今後も必要である。

[文献]

1) Miyakoshi, D., Shikichi, M., Ito, K., Iwata, K., Okai, K., *et al. J Equine Vet Sci.* **32**, 552–557 (2012).

2) Korosue, K. Murase, H. Sato, F. Ishimaru, M. Kotoyori, Y. *et al. J Am Vet Med Assoc.* **242**, 242–248 (2013).

3) Hannan, MA. Haneda, S. Itami, Y. Wachi, S. Saito, T. *et al. J Vet Med Sci.* **81**, 241–244 (2019).

9 引退した競走馬の行く末
――サラブレッドの利活用

宮田 健二
Kenji Miyata

日本中央競馬会 馬事公苑
宇都宮事業所 診療所 診療所長

2003年，東京農工大学農学部獣医学科卒業，同年日本中央競馬会に入会。美浦トレーニング・センター 競走馬診療所，宮崎育成牧場 業務課，栗東トレーニング・センター 競走馬診療所，馬事部 生産育成対策室（本部），日高育成牧場 業務課を経て，現職。馬事公苑にてリトレーニングを担当。

サラブレッドはさまざまな技術を駆使して創出されたアスリートである。走行スピードやスタミナ，瞬発力などの素晴らしい能力を持っているが，10歳前後で競走能力の限界を迎える。優れた成績を残した馬は，その能力を次世代に引き継ぐため繁殖に供されるが，成績が悪い馬は行き場を失う。引退後のアスリートのケアは，人間同様大きな問題となっている。本項では，引退した競走馬（サラブレッド）の利活用の取り組みや，課題について紹介する。

1 はじめに

サラブレッドは何歳まで生きられるのだろうか。1964年の3冠馬シンザンは1995年，当時の国内サラブレッド長寿記録を更新し，1996年7月13日に35歳102日で亡くなった。現在はその記録も破られ，40歳まで生きた馬（アローハマキヨ）もいるが，ここまで長く生きる馬は極めて稀である。

生体としてのサラブレッドの寿命を推測するために，臼歯（奥歯）の構造が参考にできる。ヒトと同じように，歯は生活の質を維持するために重要である。生きるための絶対条件である“食”に欠かせないのはもとより，歯を噛みしめて顎を安定させ，踏ん張るためにも重要な役割を果たす。歯がなくなると生体は急激に衰える。

草食動物である馬の臼歯は，ヒトとは大きく異なる特徴を持つ。比較的柔らかいものしか食べないヒトの奥歯は，成熟するとほとんど長さが変わらない。一方，馬の臼歯は固い植物の繊維をすり潰すために歯自身も少しずつすり減ってしまう。一見すると歯の長さは変わらないように見えるが，すり減った部分を補うように，顎の中に隠れていた根元が少しずつ口腔内に出てくる。そのスピードは年間約3 mmほどである。成熟したサラブレッドの臼歯（永久歯）は10 cmほどの長さがあるので，すべてすり減ってしまうためには30年程の月日がかかる。そのため，生体としてのサラブレッドの一般的な寿命は30年程度だと考えられる。

競馬引退後の長い生活に掛かるコストを考えると，引退後食用に供するというのも選択肢の一つではある。しかし，10歳前後のサラブレッドは競走能力こそ衰えても，まだまだ元気で活力に満ちている。リトレーニング（再調教）によってセカンドキャリア（第2の人生における職業）を習得し，競走馬時代と同等，もしくはそれ以上に活躍しているサラブレッドは多い。

2 引退競走馬の用途

古くから家畜として飼われている馬の用途は，運搬用（荷役），農耕用（田畑を耕す），乗用などさまざまである。ヨーロッパなどの馬術先進国では，ハノーヴァーやセルフランセなどの馬術競技用品種の生産や流通の仕組みが整っているため，サラブレッドを乗用に選択することは多くはない。しかし日本では，飼養されている約78,000

頭の馬の58％（約45,000頭）を競走用サラブレッド（引退後繁殖に供されないサラブレッドは含まない）が占める（参照：馬をめぐる情勢 畜産局畜産振興課 令和4年9月）。引退競走馬は馬術競技用品種よりもはるかに多く流通し比較的安価で入手できるため，乗用・競技用としての需要が高い。

体が小さく大人しいポニーは，アニマルセラピーに活用されている。ホースセラピーや，乗馬療育とよばれ，特別な配慮が必要な人が馬に乗って癒され，肉体的・精神的機能向上が期待される。乗馬療育では，左右から抱えるように支えられて馬に乗る場合（図1）もあるため，体が大きなサラブレッドには適さない。しかし，本来アニマルセラピーは動物と触れ合うことによる癒しを期待する療法である。犬が用いられることが多いが，人間と喜怒哀楽を共有できるような情緒性の高い動物が適性を持つ。サラブレッドは繊細で社会性を持ち，接する人に細やかな配慮を示すため，人と馬との触れ合いに限れば十分な資質を持つと考えられる。

3 乗馬への転用

他項で紹介されているとおり，サラブレッドは速く走るために作られ，勝つための教育を受ける。その結果，サラブレッドは全速で走る。しかし，乗馬は全速で走ることを求められない。ライダー(騎乗者)が求めるスピードで，落ち着いて，右や左，時に後方に進むこと，さらには障害物を飛越すること等を求められる。速く走ることしか知らないサラブレッドにとっては，この違いを理解するだけでも難しい。しかし，課題はこれだけではない。競走馬に乗るのは，ジョッキーや厩務員などのプロに限られる。しかし，乗馬は初心者も乗せなければならない。初心者が騎乗中に技術的な間違いを犯しても，落

図1　**乗馬療育での騎乗風景**

(写真提供：公益財団法人ハーモニィセンター)

図2
競走馬（左）と乗馬（右）の走行フォーム

人馬のバランスがまったく違うのがわかる。

ち着いて優しく対応できなければ“一人前”の乗馬とはよべない。乗馬転用のためのリトレーニングは，競走馬時代までにサラブレッドが受けた，勝つための“特殊な教育”を初期化（リセット）することだともいえる。乗馬転用は決して簡単な道のりではない。

日本では，引退競走馬の乗馬転用が昔から盛んにおこなわれてきた。乗馬クラブで繋養される馬の多くはサラブレッドであり，多くは初心者用の訓練馬であるが，全国大会クラスの馬術競技会で活躍する馬も少なくない。これは，日本にはサラブレッドのリトレーニング技術が根付いていることの証といえる。しかし，その技術・理論をまとめた書物は，騎乗技術に関する解説が主で，馬との接し方や馬の取り扱い方法についての記載は少ない。日本のリトレーニング技術の基礎は，ライダーが馬に乗ることから始まるからである。乗馬用として乗り慣らす

ためには多くの時間と労力が必要で，時に危険を伴う。リトレーニング中は，馬の世話の多くは技術者（経験者）がおこなわなければならない。もちろん技術者の育成にも時間を要するため，乗馬クラブの経営者にとってリトレーニングは大きな負担である。1頭でも多くの馬にリトレーニングの機会を与え，乗馬転用を促進するためには，リトレーニング期間や，技術者育成期間の短縮が求められる。

4 JRAのリトレーニングプログラム

JRAでは，人馬が理解しやすいリトレーニング手法の開発・普及を目的として，新たなリトレーニングプログラムを作成した。このプログラムは，馬が新たな教育を受け入れるための準備に重点を置いた三つのステップから始まる。

STEP1

最初に取り組むのは，馬のリフレッシュとケアである。引退したばかりの競走馬は心身ともに消耗していることが多いが，疲れきっていては新たな教育など受け入れられないからである。

STEP2

馬がリフレッシュしたら，グラウンドワークという手法を用いて人馬の関係性を再構築する。グラウンドワークとは，馬に乗らずに地上から働きかける調教法であり，馬の本能や習性を利用する。馬には，身を守るために群れを作り，リーダーが群れをコントロールするという習性がある。この習性を利用し，人がリーダーであり，人の指示に従わなければならないことを教える。この関係性を馬が受け入れれば，初心者が馬を扱っても危険を感じることはほとんどない。また，グラウンドワークには特別な道具は必要なく，簡単な基礎知識を理解すれば乗馬初心者でも習得は難しくない。

STEP3

STEP3の目的は，走行バランスの改善と基礎体力作りである。速く走るために，競走馬の重心はF1マシンのように低く前寄りである。一方，乗馬は前後左右，時には上方に方向転換するため，重心は高くやや後ろ寄りとなる。ライダーのフォームや重量も大きく違う（図2）。競馬では，ジョッキーと鞍の重量の合計は60 kg程度であるが，乗馬では100 kgを超えることもままある。この違いを馬に受け入れさせるために，ライダーは乗馬に近いフォームで騎乗し，速すぎないスピードで馬を走らせ続ける。走り続けるうちに，馬は自然と全力で走る必要がないことを覚え，ライダーの重さを支えやすい走行バランスに変化する。同時に，リフレッシュやグラウンドワークの期間で少し衰えた体力を回復させる。

このプログラムを用いた場合，一般的なリトレーニングに比べて短期間で初心者でも扱える馬になる。3年間の実践検証を経て，筆者らは「引退競走馬のリトレーニング指針」という冊子（図3）を発刊した。JRAでは，冊子の内容を基として，大学馬術部員などへの技術普及を開始している。

図3
引退競走馬のリトレーニング指針
馬事公苑で無料配布中。

5 その他の課題

故障を理由に引退する馬は，行き場を失う。健康でも，引き取り先がすぐに見つけられないために転用を諦められてしまう馬もいる。また，老齢となり働けなくなった馬が余生を快適に過ごし，看取ってもらえる牧場（養老牧場）はまだ少ない。いずれも，根本的な問題は馬の繋養コストである。サラブレッドを掲揚するためには，最低でも1ヶ月に10万円程度の予算が必要である。働いて金を稼げない馬や満足に動けない馬に何らかの価値を創出できなければ，この課題を克服するのは非常に困難である。

レースと仕事

競馬開催に関わる執務委員について

レースと仕事

競馬開催に関わる執務委員について

溝部 文彬 *Fumiaki Mizobe*

日本中央競馬会　馬事部

中央競馬の開催には，JRAの職員をはじめとし，さまざまな方が関わっています。基本的には毎週土曜日と日曜日が競馬開催日であり，当日は競馬場あるいは場外馬券売場であるウインズを中心に競馬運営業務に多くのスタッフが従事しています。JRAの職員については，平日に本部で働いている職員であっても開催日には競馬場などに出向き，接客，レース運営，投票券の販売管理，映像・情報の管理などに関わります。

ウインズは競馬場に直接足を運べないお客様のために設置された，勝馬投票券発売施設であり，開催日にはウインズに勤務する職員に加えて，勝馬投票・お客様サービス・施設などの役割を補助するために全国から職員が派遣され，お客様の来場に備えます。競馬の開催日においては，通常の業務とは異なる組織の下で競馬運営業務にスタッフが従事しています。

開催執務委員は，中央競馬を開催するために必要なさまざまな委員です。これらの委員は政令で定められており，レーシングプログラムにも掲載されています。委員には，委員長，副委員長，裁決委員，走路監視委員，決勝審判委員，ハンデキャップ作成委員，検量委員，発走委員，馬場取締委員，獣医委員，来場促進委員，整理委員，勝馬投票委員，施設委員，総務委員，情報管理委員，広報委員が含まれます。以降は，具体的に各委員の役割を説明していきます。

❶ 裁決委員

【執務場所：ゴンドラにある裁決室や検量室など】

裁決委員は，着順の確定や失格，降着の判断，出走馬や騎手への保安措置，競

❶ 裁決委員　❷ 走路監視委員　❸ 決勝審判委員　❹ ハンデキャップ作成委員　❺ 検量委員
❻ 発走委員　❼ 馬場取締委員　❽ 獣医委員　❾ 来場促進委員　❿ 整理委員　⓫ 勝馬投票委員
⓬ 施設委員　⓭ 総務委員　⓮ 情報管理委員　⓯ 広報委員

馬の公正を害する行為への対処などを担当します。具体的には，競走の監視として，走行妨害の認定や着順の変更，関係者に対する制裁の権限を有します。裁決委員は，競走中に発生したすべての出来事を漏れなく把握する必要があり，また裁決をおこなうに当たっては，限られた時間の中で素早く公正に状況判断をして結論を出す必要があります。競走の監視は，競馬場のゴンドラにある裁決室においておこない，走路監視員からの報告も参考に騎手の進路の取り方，騎乗振り，鞭の不当使用，馬の悪癖等を監視します。また，裁決委員は全馬の入線後，直ちに検量室へ移動し，後検量に異状がないことを確認したうえで競走の確定を宣言します。さらに，裁決委員は，開催期間内に規程違反を犯した調教師・騎手等に対する制裁権，および競走中に悪癖を呈した馬等に対する処分権を有しています。制裁には戒告，過怠金，調教や騎乗の停止があり，馬に対する処分として出走停止や，一定期間後の調教再審査を命じることができます。裁決委員が出走予定馬あるいは騎乗予定騎手の異状について報告を受け，出走または騎乗が不適当であると判断した場合には，出走取消，競走除外または騎手変更が決定されます。

❷ 走路監視委員

【執務場所：監視塔（パトロールタワー）など】

走路監視委員は，パトロールタワーとよばれる監視塔に執務します。パトロールタワーは競馬場の各コーナーにあり，競走中に妨害があるか，騎手の騎乗が正しいかなどを監視します。レースごとに走路を確認し，また馬場に入場してきた出走馬の動向やレース中の騎乗で斜行や不正または異常があった場合には裁決委員に報告がおこなわれます。また，パトロールタワーでは競走監視用の映像も撮影されます。

❸ 決勝審判委員

【執務場所：ゴンドラにある決勝審判室など】

決勝審判委員はレースにおいて，競走での順位や差，ゴールに到達した馬のレースタイムを判断する役割を担います。到達順位の判定結果は，すべての競馬関係者ならびに勝馬投票券の購入者に大きな影響を及ぼしますが，決勝審判委員は限られた時間の中で厳正中立な判定を下さなければなりません。到達順位の判定のため，決勝線に面する決勝審判室において，複数名の委員が執務に当たり，目視および画像システムを用いて順位の確認をします。到達順位の判定は馬の鼻端をもって判定されます。お客様の視線が最も集まるゴール地点での仕事だけに，緊張感の中で的確な判断が必要です。

❹ ハンデキャップ作成委員

【執務場所：ゴンドラ，下見所，検量室など】

ハンデキャップ作成委員は，出走馬について，最近の成績・脚質・調教状況等を確認のうえ当日の各馬のコンディションや競走の展開を想定します。ハンデキャップ競走では，各馬の公平なチャンスを確保するため，馬の実力や状態に応じて負担重量を増減して戦う競走です。ハンデキャップとは，このハンデキャップ競走において各馬が負担する重量を指します。ハンデキャップ作成委員は，競走成績や調子などを基に，馬の実力に合わせて重量を調整することで，競馬の公正な戦いを促進します。なお，馬の状態を把握しやすくするとともに過去の成績をもとに公正なハンデを設定するため，ハンデキャップ競走の出走馬は，当該ハンデキャップ競走以前の一定期間内に出走歴を有することが条件になります。中央競馬においては，前の週の日曜日から月曜日にハンデが決定され，発表されますが，ハンデキャップ競走ではゴール前で馬たちがほぼ横一線に並ぶ接戦が繰り広げられることが多く，見ごたえのあるレースです。

❺ 検量委員

【執務場所：検量室など】

検量委員は，負担重量の計量を担当します。単に負担重量を計量するだけではなく，騎手の連続騎乗等に配慮をしながら，競走が公正かつ円滑に施行されるよう関係執務員を指揮することが求められます。競馬のルールの根幹として，騎手は，出走馬ごとに決まった重量で騎乗しなければなりません。このため，競走ごとに前検量と後検量がおこなわれますが，この際に複数の職員がレースの直前直後に検量室でその負担重量のチェックをしています。超過重量や増減重量による制約があるため，慎重な計量が重要となり，時間の制約がある中での確実性が円滑なレースの施行につながります。

❻ 発走委員

【執務場所：発走地点など】

発走委員はスタート地点である発走地点の責任者です。当然，単にゲートを開けているだけではなく，最終的な各馬の状態を把握したり，できるだけ不利なくスタートできるよう細心の注意を払ったりと，公正な競馬を実現する上で重要な役割を果たしています。競馬開催日には，トレーニング・センターを中心に発走委員が集まり，複数人のチーム体制で業務に従事します。また，事前の打ち合わせで各馬の情報を共有・確認することが，スムーズなレース運営につながります。発走委員には特定の資格が必要ではありませんが，競走馬に関する深い知識や経験が求められるため，獣医師や馬術経験者が発走委員を務める場合が多いとされています。

❼ 馬場取締委員

【執務場所：下見所，馬場および馬場監視室，検量室など】

馬場取締委員は，馬場を巡回し，天候，馬場状態を検討のうえ，馬場状態を決定します。また，トレーニング・センターからの競走馬の輸送状態を把握し，到着の遅れが予測される場合はその善後策を講じます。さらに，パドックにおいては，騎手の集合確認等の役割を担います。競馬で使用する芝・ダートコースについては，レースの間に散水やハローがけ等をおこなうことで馬場の整備・補修をおこないます。また，レースの距離ごとにスタート地点や使用する柵の位置が変わるため，その管理や設置の指示を出します。

❽ 獣医委員

【執務場所：装鞍所，下見所，馬場および監視室，競走馬診療所，検体採取所など】

獣医委員は，装鞍所に入所する出走馬の疾病や事故等を確認し，出走の適格性を判断します。また，装鞍所においては，入所馬の個体照合による出走馬の最終確認作業も担います。また，下見所から馬場入場後について，競走事故馬救護係と連携し，出走馬の状況を把握します。競走中に事故が発生した場合，診断書の発行や関係者への指導などをおこないます。獣医委員は，検体採取所における検体の採取も担います。競馬では薬物の力を借りて馬の競走能力を一時的に高めたり，または減じたりする行為があってはなりません。そこで競走終了後，薬物の使用の有無を確認するため，各競走の第3着までの馬および特に裁決委員が指定した馬の検体を採取し，薬物検査することが規定されています。さらに，平日にトレーニング・センター内の競走馬診療所などで勤務している獣医職員は，開催日にも引き続き平常業務をおこなう職員と，競馬場で開催業務をおこなう職員にわかれます。競馬場ではレース中に事故が発生した場合の救護・診療などをおこないます。

❾ 来場促進委員

【執務場所：来場エリアなど】

来場促進委員は，競馬場への来場促進施策を総括する役割を担います。競馬開催日には，各委員と連携し，競馬場に来場したお客様に係る業務を統轄するとともに，来場，販売促進を場内横断的に集中・効率的に取り組みます。

❿ 整理委員

【執務場所：来場エリアなど】

整理委員は，開催競馬場やウインズにおけるお客様に対するサービスおよび整理業務に関することを統轄し，各部に指揮命令をおこないます。また，警察署，消防署および交通機関等との連絡調整にあたり，お客様が安全かつ快適に競馬を楽しめるようなサービスの提供をおこないます。整理・警備員を統括・管理しつつ，何かトラブルがあれば責任者として現場へ駆けつけます。また，競馬場内の各所でおこなわれるさまざまなイベントの企画・運営もおこなっています。

⓫ 勝馬投票委員

【執務場所：勝馬投票券発売所など】

スタンド各所にある勝馬投票券発売所ごとに職員が責任者として執務します。そこではお客様対応はもちろん，発売窓口係員の労務管理等，さまざまな役割を担います。この業務では，お客様と直接接することになり，重要な仕事といえます。電話・インターネット投票のシステム管理する役割も担います。

⓬ 施設委員

【執務場所：競馬場全エリア】

施設委員は施設内の電気空調，給排水，音響設備をはじめ，あらゆる設備の点検・管理を担当します。また，ターフビジョン・着順表示等の装置や，場内各所に設置されているモニターの運用管理も行なっており，場内放送も担当します。

⑬ 総務委員

【執務場所：競馬場全エリア】

総務委員は，来賓の接遇，庶務など他の委員の管轄外の開催業務全般を担当します。

⑭ 情報管理委員

【執務場所：ゴンドラなど】

情報管理委員は，競馬施行において発生した事象を把握し，各委員と連携を取って速やかに正確な情報を伝達するとともに，各種情報システムへの配信をおこないます。競馬の進行を常に把握しつつ，突発的な事象についても関係各部署と連携し，情報の整理や情報伝達について的確に状況判断することにより，円滑な競馬施行に努めることが求められます。競馬を時刻どおりに円滑に施行するためには，各部門との連携が不可欠となります。

⑮ 広報委員

【執務場所：ゴンドラ，検量室など】

広報委員は，取材対応，報道問い合わせなどのマスコミへの対応をおこないます。このほか，各委員との連携を取って，情報の一元化を図り発表内容の管理をおこないます。各メディアに向け，時々刻々と変わるレースに関する情報提供をおこないます。取材陣の統率・管理はもちろんのこと，レース状況などに大きな変化があれば，各部署を駆け回って状況を把握し，速やかに正確な情報を発表します。

索引

■用語解説一覧（掲載ページ順）

■ウマ名

■サラブレッド

■毛色

■競馬

■種名

■育成・調教

■繁殖

■獣医学

■余生

■遺伝学用語

■生物学用語

■ウマ以外のいきもの

■競馬レース関係の仕事

■組織・機関・団体

生物の科学 遺伝 バックナンバーのご案内

【2023年】

11月発行号 Vol.77 No.6 ISBN 978-4-86043-821-0
- 特集　微生物の集団性と社会性の創発
- グラビア　バイオフィルムが描くさまざまなパターン

9月発行号 Vol.77 No.5 ISBN 978-4-86043-820-3
- 特集　希少野生動物の生息域外保全―遺伝資源保存で生命を未来につなぐ
- グラビア　ツシマヤマネコと飼育下繁殖
  ツシマヤマネコと野生復帰技術開発
  ヤンバルクイナの棲む森と生息域外保全

7月発行号 Vol.77 No.4 ISBN 978-4-86043-819-7
- 特集　トリ胚は「形の魔術師」だ―トリの卵から形作りの謎を探る
- グラビア　美しいトリ胚
- 特別寄稿　牧野富太郎博士像描写の試み

5月発行号 Vol.77 No.3 ISBN 978-4-86043-818-0
- 特集　花ハス：歴史と最新研究―人との関わりを紐解く
- グラビア　ハスの花―伝統品種と新品種

3月発行号 Vol.77 No.2 ISBN 978-4-86043-817-3
- 特集　ネコのズーロジー―ネコをめぐる科学研究と社会問題
- グラビア　動物園で見られる野生のネコ

1月発行号 Vol.77 No.1 ISBN 978-4-86043-816-6
- 特集　植食性テントウムシの生物学
- 特別寄稿　2022年のノーベル生理学医学賞について
  フォトグラメトリによる3Dデジタル生物標本アーカイブ
  高校生物で“葉緑体の外包膜の起源”をどう教えるか

2023年9月発行号

2023年3月発行号

2022年9月発行号

2020年5月発行号

詳細は，URL https://seibutsu-kagaku-iden2.jimdo.com/

エヌ・ティー・エス営業部 TEL:047-314-0801 E-Mail:eigyo@nts-book.co.jp

遺伝いきものライブラリ③

サラブレッドの生物学

競走馬の速さの秘密

発行日	2023年11月10日　初版第一刷発行
編集	『生物の科学　遺伝』編集部
発行者	吉田 隆
発行所	株式会社エヌ・ティー・エス 〒102-0091 東京都千代田区北の丸公園2-1 科学技術館2階 Tel. 03-5224-5430　http://www.nts-book.co.jp/
ブックデザイン	坂 重輝（有限会社グランドグルーヴ）
印刷・製本	株式会社ウィル・コーポレーション

ISBN978-4-86043-648-3
